图说高效养殖关键技术

图说高效养蛋鸡

主　编　魏刚才　郭忠欣　杨妮娜
副主编　朱魁元　冯云霞　董　涛　栗当苗
编　者　（按姓氏笔画排列）
王利梅（济源市动物卫生监督所）
冯云霞（济源市畜产品质量监测检验中心）
朱魁元（新乡市畜牧局）
杨妮娜（洛阳兽药饲料质量检测中心）
邹小娟（新乡市动物卫生监督所）
武麦娟（伊川县畜牧站）
赵雁方（滑县动物卫生监督所）
栗当苗（灵宝市畜牧站）
郭忠欣（洛阳兽药饲料质量检测中心）
黄　岩（新乡市动物卫生监督所）
董　涛（正阳县动物卫生监督所）
魏刚才（河南科技学院）

机械工业出版社
CHINA MACHINE PRESS

本书图文并茂，系统介绍了蛋鸡品种的选择和引进、蛋鸡的营养与饲料配合、蛋鸡场的设计与环境控制、蛋鸡的饲养管理、蛋鸡的疾病防治、蛋鸡场的经营管理等高效饲养管理技术。本书紧扣当前生产实际，通过深入浅出、通俗易懂的文字并配以大量生动直观的图片或图表，将蛋鸡生产的关键技术清楚地进行描述，注重科学性、系统性、实用性和先进性，不仅适合鸡场饲养技术人员、管理人员和养殖户阅读，而且可以作为大专院校、农村函授及相关培训班的辅助教材和参考书。

图书在版编目（CIP）数据

图说高效养蛋鸡/魏刚才，郭忠欣，杨妮娜主编.
—北京：机械工业出版社，2017.8
（图说高效养殖关键技术）
ISBN 978-7-111-57412-5

Ⅰ.①图… Ⅱ.①魏… ②郭… ③杨… Ⅲ.①卵用鸡-饲养管理-图解 Ⅳ.①S831.4-64

中国版本图书馆 CIP 数据核字（2017）第 165552 号

机械工业出版社（北京市百万庄大街 22 号 邮政编码 100037）
策划编辑：周晓伟 郎 峰 责任编辑：周晓伟 孟晓琳
责任校对：郭明磊 责任印制：李 飞
北京利丰雅高长城印刷有限公司印刷
2017 年 9 月第 1 版第 1 次印刷
140mm×203mm · 6.875 印张 · 191 千字
0001— 4000册
标准书号：ISBN 978-7-111-57412-5
定价：39.80元

凡购本书，如有缺页、倒页、脱页，由本社发行部调换

电话服务
服务咨询热线：010-88361066
读者购书热线：010-68326294
010-88379203

网络服务
机 工 官 网：www.cmpbook.com
机 工 官 博：weibo.com/cmp1952
金 书 网：www.golden-book.com
教育服务网：www.cmpedu.com

前　言

我国是蛋鸡养殖大国，蛋鸡存栏量和鸡蛋产量连续30年稳居世界首位，2016年蛋鸡存栏量近13亿只，鸡蛋产量2500多万吨，规模化、机械化程度不断提高。蛋鸡业以其投资少、见效快、效益好、易于机械化等特点成为畜牧业中的支柱产业，对促进地方经济发展和提高农民收入发挥着重要作用。但我国在蛋鸡业的发展过程中，也存在诸多问题，特别是与蛋鸡养殖发达国家相比，蛋鸡产蛋量少、饲料报酬低、死亡淘汰率高、疾病多发、效益差等，严重制约了我国蛋鸡的养殖水平。为了提高我国蛋鸡养殖水平和生产效益，我们组织有关专家编写了本书。

本书图文并茂，系统介绍了蛋鸡品种的选择和引进、蛋鸡的营养与饲料配合、蛋鸡场的设计与环境控制、蛋鸡的饲养管理、蛋鸡的疾病防治、蛋鸡场的经营管理等高效养蛋鸡技术。本书紧扣当前生产实际，通过深入浅出、通俗易懂的文字并配以大量生动直观的图片或图表，将蛋鸡生产的关键技术清楚地进行描述，注重科学性、系统性、实用性和先进性，不仅适合鸡场饲养技术人员、管理人员和养殖户阅读，而且可以作为大专院校、农村函授及相关培训班的辅助教材和参考书。

需要特别说明的是，本书所用药物及其使用剂量仅供读者参考，不可照搬。在生产实际中，所用药物学名、常用名与实际商品名称有差异，药物浓度也有所不同，建议读者在使用每一种药物之前，参阅厂家提供的产品说明以确认药物用量、用药方法、用药时间及禁忌等。购买兽药时，执业兽医有责任根据经验和对患病动物的了解决定用药量及选择最佳治疗方案。

本书的图片主要来自家禽生产课题组多年教学、科研与蛋鸡生产服务所积累的资料。为了充实内容，也引用了某些养禽专家发表的部分珍贵彩图。潘耀先教授、河南艾格多科技集团和张氏养鸡设备厂也提供了多张图片。在此一并致谢。

由于水平有限，书中可能会有错误和不当之处，敬请广大读者不吝斧正。

编　者

目 录

第一章 蛋鸡品种的选择和引进

品种直接影响蛋鸡的生产性能和饲料转化率，没有优良的品种，就不可能获得好的经济效益。

第一节 优良蛋鸡的繁育

一、优良蛋鸡品种的特征

高产配套杂交品种

生产性能高：具有较高的产蛋性能，平均每只入舍母鸡年产蛋总重达20千克左右，死亡淘汰率只有6%~8%，饲料转化率为（2.2~2.4）∶1

适应能力强：体质健壮，具有很强的适应性和抗病力，育雏育成期成活率高，群体发育好，产蛋期死亡淘汰率低

产品质量好：蛋壳质量好，蛋重大小适中，蛋壳颜色均一，破蛋率低，符合市场要求

二、配套杂交模式

利用选育出的多个不同品系，进行广泛的杂交试验，并测定配合力（杂交优势）。根据测定结果，固定具有高配合力的杂交组合，然后生产出高产配套杂交鸡。

1. 两系杂交模式

这是最简单的杂交模式，从纯系育种群到商品群的距离短，因而遗传进展传递快。不足之处是不能在父母代利用杂交优势来提高繁殖性能，而且扩繁层次少，供种量有限，目前很少使用。

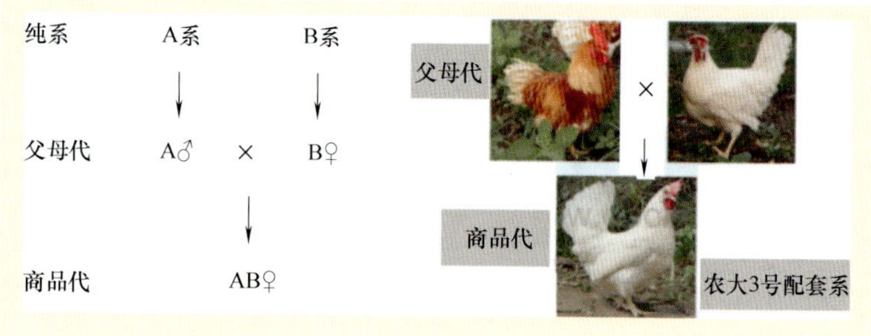

两系杂交模式图

2. 三系杂交模式

三系配套时父母代的母本是二元杂种，所以其繁殖性能可以获得一定杂交优势，再与父系杂交即可在商品代产生杂种优势。该杂交模式扩繁层次增加，供种数量大幅提高。

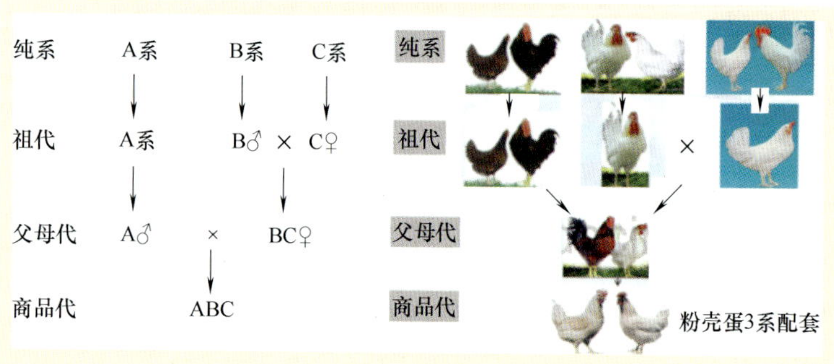

三系杂交模式图

3. 四系杂交模式

四系配套是仿照玉米自交系双杂交模式建立的。从鸡育种中积累的资料看，四系杂种的生产性能没有明显超过两系杂种和三系杂种。但从育种公司的商业角度看，四系配套有利于控制种源及保证供种的连续性。

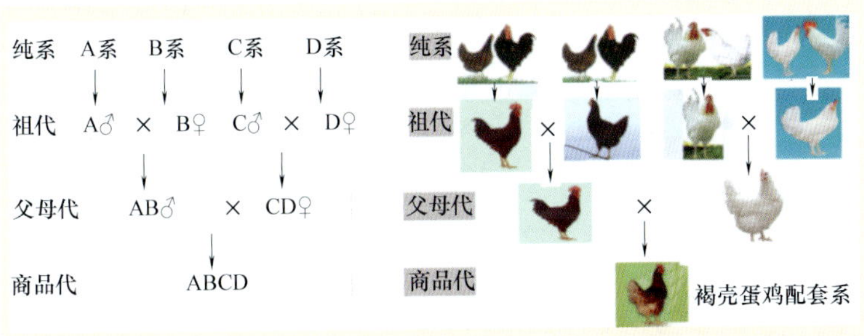

四系杂交模式图

三、良种繁育体系

良种繁育体系是把高产配套鸡的育种和制种工作的各个环节有机结合起来，形成一个分工明确、联系密切、管理严格的一个体系。

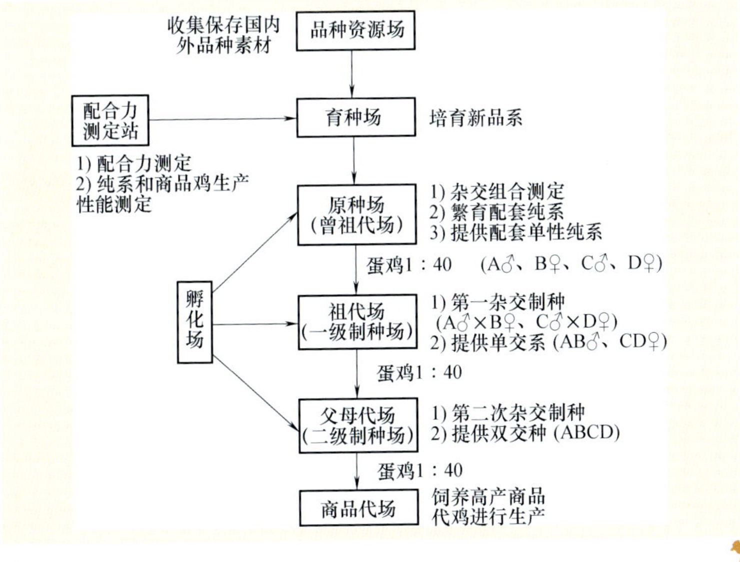

四、品种类型及特点

1. 白壳蛋鸡

白壳蛋鸡体小而清秀，成年母鸡体重约1.75千克。全身羽毛白色，单冠，冠大鲜红，喙、胫、皮肤为黄色，耳叶为白色；成熟早，产蛋量高，饲料消耗少，一般21周龄开产，72周龄产蛋量290～300枚，20～72周龄料蛋比为（2.2～2.4）：1，蛋壳白色；适应性强，各种气候条件均可饲养。尤其对高温适应能力较强，适于集约化管理，饲养密度高。但蛋重较小，蛋壳薄，易破损；胆小，神经质，抗应激能力较差；啄癖明显，特别是开产初期啄肛严重。

2. 褐壳蛋鸡

褐壳蛋鸡体型中等，成年母鸡体重约2.2千克；羽毛有色，商品代雏出壳后可根据羽色自别雌雄，公雏全身羽毛米黄色，母雏羽毛多为褐色；23周龄开产，76周龄产蛋300～310枚，蛋重大，22～76周龄料蛋比为（2.3～2.4）：1，蛋壳为褐色，蛋壳质量好，便于保存和运输；啄癖少，死淘率低；淘汰体重大；性情温顺，易于管理；耐寒性好，冬季可以保持稳定的产蛋率。但培育成本高，饲料消耗较多，占用面积大，蛋中血斑率和肉斑率高，耐热性差。

3. 粉壳蛋鸡

粉壳蛋鸡（京白939）

粉壳蛋鸡体型小，成年母鸡体重1.5～1.6千克；羽毛主要以白色为背景，有黄、黑、灰等杂色羽斑，商品代雏鸡利用快慢羽速自别；72周龄产蛋量310～318枚，产蛋总重19.5～20.1千克；产蛋期料蛋比（2.1～2.2）∶1；培育期成活率为99%，产蛋期成活率为96%，抗病性强；性情温顺，不抱窝，无啄肛、啄羽等不良习性。但淘汰体重小。

4. 绿壳蛋鸡

绿壳蛋鸡是利用我国一些地方品种及野鸡品种选育或杂交获得的。绿壳蛋鸡体型紧凑，体态清秀，羽毛紧贴身体；母鸡成年体重1.1～1.5千克，年产蛋130～180枚；蛋壳绿色，富含卵磷脂、脑磷脂、神经磷脂及碘、锌、硒，胆固醇低，营养丰富。但目前产业化程度低。

绿壳蛋鸡（卢氏鸡）

第二节　优良蛋鸡品种及选择

一、优良蛋鸡品种

1. 海兰W-36白壳蛋鸡

海兰W-36白壳蛋鸡是由美国海兰国际公司培育的白壳蛋鸡。可快慢羽自别雌雄，母雏为快羽，公雏为慢羽。

育雏育成期成活率97%~98%，0~18周龄耗料量5.66千克，18周龄体重1.28千克；产蛋率达50%的日龄为155日龄，高峰期产蛋率93%~94%，72周龄入舍鸡产蛋量285~310枚，平均蛋重62克，产蛋期成活率96%，72周龄体重1.76千克，每千克蛋耗料1.99千克。

2. 伊莎巴布考克B-300白壳蛋鸡

伊莎巴布考克B-300白壳蛋鸡是由法国伊莎公司培育的轻型蛋鸡品种之一，是目前世界上著名的蛋鸡鸡种，以其优良的生产性能、低死亡率和高饲料转化率深受养鸡场喜爱。

20周龄成活率97%，18周龄体重1.29千克，18周龄耗料6.02千克；高峰期产蛋率93%，72周龄入舍鸡产蛋量285枚，平均蛋重62克，产蛋期成活率94%。

3. 海赛克斯白壳蛋鸡

0~18周龄成活率95%~96%，18周龄体重1.16千克，耗料5.8千克；产蛋率达50%的周龄为23周龄，72周龄产蛋量300枚，平均蛋重60.7克。

4. 罗曼白壳蛋鸡

0～20 周龄成活率 96%～98%，20 周龄体重 1.3～1.35 千克，1～18 周龄耗料 6.0～6.4 千克；产蛋率达 50% 的日龄为 150～155 日龄，72 周龄产蛋量 290～300 枚，蛋重 62～63 克，每千克蛋耗料 2.3 千克，产蛋期存活率 94%～96%。产蛋期末体重 1.75～1.85 千克。

5. 罗曼褐壳蛋鸡

罗曼褐壳蛋鸡是由原联邦德国罗曼公司培育的四系配套蛋用鸡种。

0～20 周龄成活率 97%～98%，20 周龄体重 1.5～1.6 千克，0～20 周龄耗料 7.4～7.8 千克；产蛋率达 50% 的日龄为 152～158 日龄，72 周龄入舍鸡产蛋量 285～295 枚，蛋重 63.5～64.5 克，每千克蛋耗料 2.3～2.4 千克，产蛋期存活率 94%～96%。淘汰体重 2.2～2.4 千克。

6. 海兰褐壳蛋鸡

海兰褐壳蛋鸡是美国海兰公司培育的四系配套杂交鸡，具有抗马立克氏病和白血病的基因。

0～20 周龄成活率 96%～98%，20 周龄体重 1.54 千克；产蛋率达 50% 的日龄为 156 日龄，72 周龄入舍鸡产蛋量 298 枚，蛋重 63～64 克，每千克蛋耗料 2.4～2.5 千克，产蛋期存活率 91%～95%。

7. 迪卡·沃伦褐壳蛋鸡

迪卡·沃伦褐壳蛋鸡是由美国迪卡家禽研究公司培育的优良蛋用鸡种，该品种饲养效益高，生产性能稳定可靠。

0～20周龄成活率97%，20周龄体重1.7千克，20周龄耗料7.7千克；产蛋率达50%的日龄为161日龄，72周龄入舍鸡产蛋量290枚，蛋重63～64克，每千克蛋耗料2.2～2.4千克，产蛋期存活率91%～95%。

8. 伊莎褐壳蛋鸡

伊莎褐壳蛋鸡是法国伊莎公司培育的四系配套杂交鸡。

0～18周龄成活率97%，18周龄体重1.54～1.60千克；产蛋率达50%的日龄为161日龄，76周龄产蛋量320～330枚，全期平均蛋重62.8克，每千克蛋耗料2.06～2.16千克。

9. 海赛克斯褐壳蛋鸡

0～18周龄成活率97%，18周龄体重1.4千克，耗料5.8千克；产蛋率达50%的日龄为158日龄，72周龄产蛋量300枚，平均蛋重60.7克。

10. 伊莎新红褐蛋鸡

伊莎新红褐蛋鸡是法国伊莎公司培育的四系配套杂交鸡。

18 周龄成活率 98.5%，18 周龄体重 1.75 千克，产蛋率达 50% 的周龄为 19～20 周龄，高峰期 95% 以上产蛋时间 17 周，72 周龄产蛋量 315～325 枚，全期平均蛋重 65 克，每千克蛋耗料 2.07～2.13 千克。

11. 新罗曼褐壳蛋鸡

新罗曼褐壳蛋鸡是德国罗曼公司培育的四系配套蛋用鸡种。该鸡种现已取代罗曼鸡。

20 周龄成活率 97%～98%，耗料 7.4～7.8 千克，体重 1.5～1.6 千克；1～72 周龄存活率 94%～96%，产蛋率达 50% 的日龄为 150～160 日龄，72 周龄产蛋量 290～300 枚，平均蛋重 64 克；每千克蛋耗料 2.1～2.3 千克；72 周龄体重 1.9～2.2 千克。

12. 巴布考克 B-380 褐壳蛋鸡

巴布考克 B-380 褐壳蛋鸡是法国伊莎公司培育的高产品种。河南省畜牧局家禽育种中心从德国伊萨公司引进祖代鸡。商品蛋鸡中有 35%～45% 的鸡只体表附有黑色羽毛，可以清晰地与其他品种辨别。

0～18 周龄成活率 97%～98%，18 周龄体重 1.64 千克，耗料 6.85 千克；产蛋率达 50% 的日龄为 140～147 日龄，76 周龄入舍母鸡产蛋量 337 枚，高峰期产蛋率 95%，每千克蛋耗料 2.05 千克，平均蛋重 62.5 克。

13. 京红 1 号

京红 1 号蛋鸡是由北京市华都峪口禽业有限责任公司成功培育的优良蛋鸡品种。

0～18 周龄成活率 96%～98%，产蛋期成活率 92%～95%，高峰期产蛋率 93%～96%，每千克蛋耗料 2.1～2.2 千克。

14. 农大 3 号褐壳蛋鸡

农大 3 号褐壳蛋鸡是中国农业大学用纯合矮小型公鸡与慢羽普通型母鸡杂交推出的配套系。商品代生产性能高，可根据羽速自别雌雄，快羽类型的雏鸡都是母鸡，而所有慢羽雏鸡都是公鸡。

1～120 日龄成活率 96% 以上，120 日龄体重 1.25 千克，育雏育成期耗料 5.7 千克；产蛋期成活率 95% 以上，平均日耗料 90 克，产蛋率达 50% 的日龄为 146～156 日龄，72 周龄入舍鸡产蛋量 281 枚，蛋重 53～58 克，总蛋重 15.7～16.4 千克。每千克蛋耗料 2.0～2.1 千克。

15. 京粉 2 号粉壳蛋鸡

京粉 2 号粉壳蛋鸡是由北京市华都峪口禽业有限责任公司选育的蛋鸡品种，于 2013 年 1 月 24 日通过国家畜禽遗传资源委员会审定。具有品种纯正（体型紧凑，羽毛均为白色，蛋壳颜色浅褐色）、繁殖率高、耐高温、无啄癖和成活率高等特点。

育雏育成期成活率 99%，产蛋期成活率 96% 以上，产蛋率达 50% 的日龄为 146～156 日龄，72 周龄入舍鸡产蛋量 310～318 枚，蛋重 53～58 克，总蛋重 19.5～20.1 千克，每千克蛋耗料 2.1～2.2 千克。

16. 农大3号粉壳蛋鸡

农大3号粉壳蛋鸡是由中国农业大学培育的。父本是矮小型褐壳蛋鸡配套系，母本是白壳蛋鸡配套系；商品代雏鸡能够根据羽速自别雌雄，成年鸡羽毛以白色为主，有少量红羽。

成年体重1.55千克，产蛋率达50%的日龄为150日龄，72周龄入舍鸡产蛋量280枚，蛋重53～58克，每千克蛋耗料2.1千克。

17. 卢氏绿壳蛋鸡

卢氏绿壳蛋鸡属小型蛋鸡种，体型结实紧凑，后躯发育良好，羽毛紧贴，颈细长，背平直，翅紧贴，尾翘起，腿较长，冠型以单冠居多，少数凤冠；喙以青色为主，黄色及粉色较少；胫多为青色。公鸡羽色以红黑色为主，占80%，其次是白色及黄色；母鸡以麻色为多，占52%，分为黄麻、黑麻和红麻，其次是白鸡和黑鸡。

成年鸡体重，公鸡1.07千克，母鸡1.1千克；开产日龄为170日龄，年产蛋量120～160枚，平均蛋重47克，绿壳蛋率85%，料蛋比（2.4～2.5）:1。

18. 东乡黑羽绿壳蛋鸡

东乡黑羽绿壳蛋鸡由江西省农科院畜牧所培育而成。体型较小，产蛋性能较高，适应性强，羽毛全黑，乌皮、乌骨、乌肉、乌内脏，喙、趾均为黑色。母鸡羽毛紧凑，单冠直立，冠齿5～6个，眼大有神，大部分耳叶呈浅绿色，肉垂深而薄，羽毛片状，胫细而短，成年体重1.1～1.4千克。公鸡雄健，鸣叫有力，单冠直立，呈暗紫色，冠齿7～8个，耳叶紫红色，颈羽、尾羽泛绿光且上翘，体重

1.4～1.6千克，体型呈"V"形。

开产日龄为152日龄，500日龄产蛋量160～170枚，平均蛋重50克，蛋壳颜色为浅绿色。现新培育的绿壳蛋鸡品种多含其血液。

二、品种的选择和引进

1. 品种选择依据

市场需要：根据不同地方的消费习惯，选择适销对路的品种

饲养条件：根据当地的自然环境和鸡场条件选择品种。如饲养条件好可选择白壳蛋鸡品种。否则，选择容易饲养的褐壳蛋鸡和粉壳蛋鸡

饲料条件：饲料质量好、价格高，宜养体重小而饲料转化率较高的鸡种；饲料质量差且价格低，则可选择褐壳蛋鸡品种

品种表现：主要考虑产蛋性能和饲料报酬，特别是生产中的实际表现

2. 品种引进注意事项

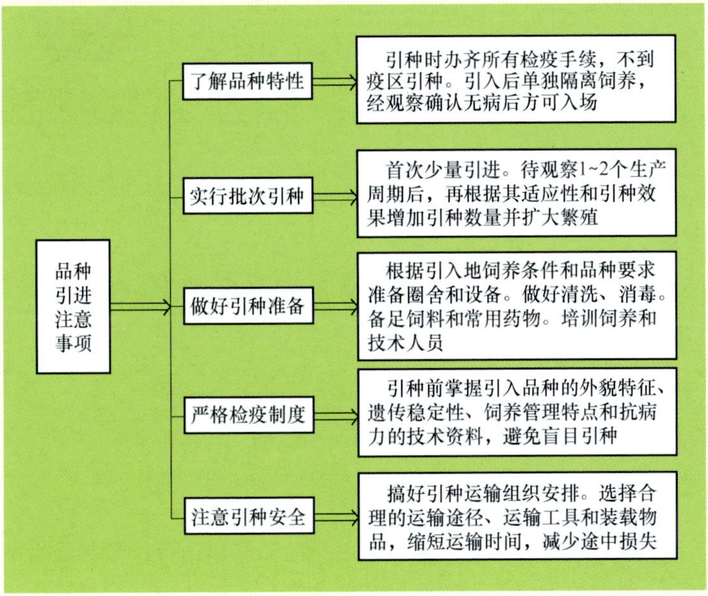
品种引进注意事项
了解品种特性
引种时办齐所有检疫手续，不到疫区引种。引入后单独隔离饲养，经观察确认无病后方可入场
实行批次引种
首次少量引进。待观察1~2个生产周期后，再根据其适应性和引种效果增加引种数量并扩大繁殖
做好引种准备
根据引入地饲养条件和品种要求准备圈舍和设备。做好清洗、消毒。备足饲料和常用药物。培训饲养和技术人员
严格检疫制度
引种前掌握引入品种的外貌特征、遗传稳定性、饲养管理特点和抗病力的技术资料，避免盲目引种
注意引种安全
搞好引种运输组织安排。选择合理的运输途径、运输工具和装载物品，缩短运输时间，减少途中损失

第二章 蛋鸡的营养与饲料配合

第一节 蛋鸡需要的营养物质

蛋鸡需要的营养物质达几十种，主要有能量、粗蛋白质、维生素、矿物质和水。每一种营养物质都有其特定的生理功能，各种营养物质相互联系、相互作用，对鸡产生影响。

一、能　量

鸡的生存、生长和生产等一切生命活动都离不开能量。能量不足或过多，都会影响鸡的生产性能和健康状况。饲料中的有机物——蛋白质、脂肪和碳水化合物都含有能量，但主要来源于饲料中的碳水化合物和脂肪。饲料中各种营养物质的热能总值称为饲料总能。

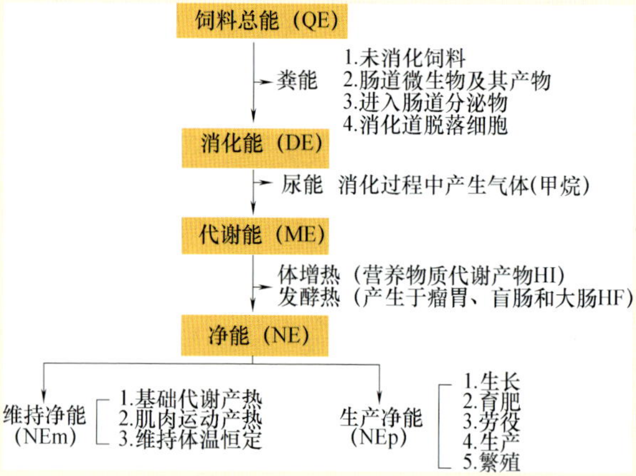

能量在鸡体内的转化过程图

【提示】 在一般情况下，由于鸡的粪尿排出时是混在一起的，因而生产中只能去测定饲料的代谢能而不能直接测定其消化能，故鸡饲料中的能量都以代谢能（ME）来表示，其表示方法是兆焦/千克或千焦/千克。

（1）碳水化合物　碳水化合物是植物性饲料中的主要成分，主要包括淀粉、纤维素、半纤维素、木质素及一些可溶性糖类。它在鸡体内分解后（主要是淀粉和糖）产生热量，用以维持体温和供给体内各器官活动时所需要的能量。日粮中碳水化合物不足时，会影响蛋鸡的生长和生产；如果过多，则会影响其他营养物质的含量，造成鸡体过肥而影响产蛋，提高死亡淘汰率。

（2）脂肪　脂肪在鸡体内分解后产生热量，用以维持体温和供给体内各器官活动时所需要的能量，其热能是碳水化合物或蛋白质的2.25倍。脂肪是体细胞的组成成分，是合成某些激素的原料，尤其是生殖激素大多需要胆固醇作为原料。脂肪也是脂溶性维生素A、维生素D、维生素E、维生素K在体内运输的溶剂。如果日粮中缺乏脂肪，容易影响脂溶性维生素的吸收和利用，导致鸡患上脂溶性维生素缺乏症。

亚油酸在体内不能合成，必须通过饲料提供，故称必需脂肪酸。如果必需脂肪酸缺乏，就会影响磷脂代谢，造成膜结构异常，通透性改变，皮肤和毛细血管受损。

以玉米为主要成分的饲料中通常含有足够的亚油酸。而以稻谷、高粱和麦类为主要成分的饲料中可能出现亚油酸不足的情况。

（3）蛋白质　当体内碳水化合物和脂肪不足时，多余的蛋白质可在体内分解、氧化供能，以补充热量的不足。过度饥饿时体内蛋白质也可能供能。鸡体内多余的蛋白质可经脱氨基作用，将不含氮部分转化为脂肪或糖原，筹备起来，以备营养不足时供应能量。

蛋白质供能不仅不经济，而且容易加重机体的代谢负担。

二、蛋白质

蛋白质是构成鸡体的基本物质，是最重要的营养物质。日粮中如果缺少蛋白质，就会影响鸡的生长、生产和健康，甚至引起死亡。相反，日粮中蛋白质过多也是不利的，不仅会造成浪费，而且会引起鸡体代谢紊乱、出现中毒等。饲料中蛋白质进入鸡的消化道，经过消化和各种酶的作用，将其分解成氨基酸之后被吸收，成为构成鸡体蛋白质的基础物质，所以蛋白质的营养实质上是氨基酸的营养。

1. 蛋白质中氨基酸的组成

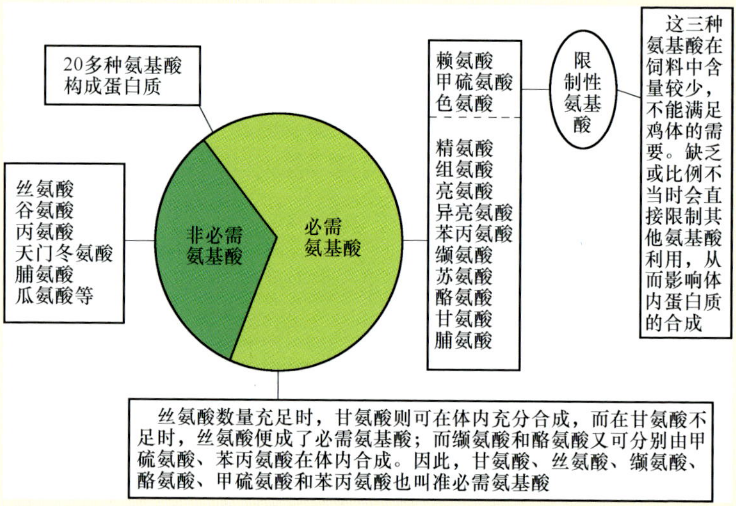

蛋白质构成及氨基酸关系图

2. 氨基酸的平衡性和互补性

（1）氨基酸的平衡性 即构成蛋白质的氨基酸之间保持一定的比例关系。如果氨基酸不平衡，就会影响蛋白质的合成。只有各种氨基酸的比例适宜，才能既满足鸡的营养需要，又能减少蛋白质饲料的消耗。

（2）氨基酸的互补性 不同饲料中的必需氨基酸，其含量有很大差异。如谷类含赖氨酸较少，含色氨酸较多；某些豆类含赖氨酸较多，色氨酸较少。如果在配合饲料时，把这两种饲料混合应用，即可取长补短，提高其营养价值，这种作用就叫作氨基酸的互补作用。

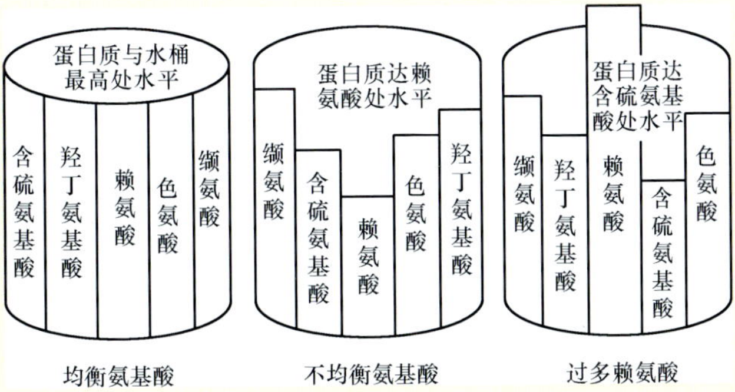

氨基酸水桶平衡原理图

【提示】 根据氨基酸在饲料中存在的互补作用，可在生产中有目的地选择多种饲料原料，进行合理搭配，使饲料中的氨基酸相互补充，改善蛋白质的营养价值，提高利用率。

三、矿 物 质

矿物质是构成骨骼、蛋壳、羽毛、血液等组织不可缺少的成分，对鸡的生长发育、生理功能及繁殖系统具有重要作用。鸡需要的矿物质元素有钙、磷、钠、钾、氯、镁、硫、铁、铜、钴、碘、锰、锌、硒等，其中前7种是常量元素（占体重的0.01%以上），后7种是微量元素。饲料中矿物质元素含量过多或缺乏都可能产生不良的后果。

四、维 生 素

维生素是一组化学结构不同、营养作用和生理功能各异的低分子有机化合物，蛋鸡对其需要量虽然很少，但生物作用很大，主要以辅酶和催化剂的形式广泛参与体内代谢的多种化学作用，从而保证机体组织器官的细胞结构功能正常，调控物质代谢，以维持鸡体健康和各种生产活动。维生素缺乏时，可影响正常的代谢，出现代谢紊乱，危害鸡体健康和正常生产。集约化、高密度饲养条件下，鸡的生产性能较高，同时鸡的正常生理特性和行为表现被限制，环境条件恶化，对维生素的需要量大幅增加，加之缺乏青饲料的供应和阳光的照射，容易发生维生素缺乏症，因此必须注意添加各种维生素来满足生存、生长、生产和抗病需要。维生素的种类很多，但归纳起来可分为两大类，一类是脂溶性维生素，包括维生素 A、维生素 D、维生素 E 及维生素 K 等；另一类是水溶性维生素，主要包括 B 族维生素和维生素 C。

五、水

水是鸡体的主要组成部分，它是各种营养物质的溶剂，鸡体内各种营养物质的消化与吸收、代谢废物排出、血液循环和体温调节等都离不开水。如果饮水不足，饲料消化率和鸡的生产力就会下降，严重时会影响鸡体健康，甚至引起死亡。高温环境下如果缺水，后果更为严重。因此，必须供给充足、清洁的饮水。

第二节 蛋鸡的常用饲料

鸡的饲料有几十种，各有其特性。通常被分为能量饲料、蛋白质饲料、矿物质饲料、维生素饲料和添加剂。

一、能量饲料

凡干物质中粗纤维含量不足 18%、粗蛋白质含量低于 20% 的饲料均属能量饲料。能量饲料是富含碳水化合物和脂肪的饲料。这类饲料主要包括禾本科的谷实饲料及其加工后的副产品、块根块茎类、动植物油脂和糖蜜等，是鸡用量最多的一种饲料，占日粮的 50%～80%，其功能主要是供给鸡所需要的能量。

1. 玉米

能量高达 13.59～14.21 兆焦/千克，蛋白质只有8%～9%，矿物质和维生素不足。适口性好，消化率高达 90%，价格适中，是主要的能量饲料。玉米中含有较多的胡萝卜素，有益于蛋黄和鸡的皮肤着色。不饱和脂肪酸含量高，粉碎后易酸败变质。

【注意】 在饲料中玉米占 50%～70%。使用时注意补充赖氨酸、色氨酸等必需氨基酸；培育的含有高蛋白质、高赖氨酸等的饲用玉米，营养价值更高，饲喂效果更好。饲料要现配现用，可使用防霉剂。

霉变的玉米禁用。玉米含水量较高时，易感染黄曲霉菌。

受玉米螟侵害和真菌感染的玉米禁用。

2. 小麦

小麦代谢能约为 12.5 兆焦/千克，粗蛋白质含量在禾谷类是最高的(12%～15%)，且氨基酸比其他谷实类完全。缺乏赖氨酸和苏氨酸。B 族维生素丰富，钙、磷比例不当。因小麦内含有较多的非淀粉多糖，用量过大会引起消化障碍，影响鸡的生产性能。

【注意】 在配合饲料中用量可占10%~20%。添加β-葡聚糖酶和木聚糖酶的情况下，可占30%~40%。

3. 高粱

高粱的代谢能为12~13.7兆焦/千克，其余营养成分与玉米相近。高粱中钙多、磷多。含有单宁（鞣酸），味道发涩，适口性差，含量较多，可使含铁制剂变性，注意增加铁的用量。

【注意】 在日粮中使用高粱过多时易引起便秘，雏鸡料中不使用，育成鸡和产蛋鸡日粮中高粱应控制在20%以下。

4. 大麦

大麦的代谢能低，约为玉米的75%，但B族维生素含量丰富。抗营养因子方面主要是单宁和β-葡聚糖，单宁可影响大麦的适口性和蛋白质的消化利用率。

【注意】 在配合饲料中大麦用量可占20%~30%。因其皮壳粗硬，需破碎或发芽后少量搭配饲喂。

5. 麦麸

麦麸的代谢能一般为7.11~7.94兆焦/千克，粗蛋白质含量13.5%~15.5%，各种成分比较均匀，且适口性好，是鸡的常用饲料；麦麸的粗纤维含量高，容积大，具有轻泻作用。

【注意】 配合饲料中，育雏期麦麸用量可占5%～15%，育成和产蛋期可占10%～30%。

6. 米糠

米糠成分随加工大米精白的程度而有显著差异。含能量低，粗蛋白质含量高，富含B族维生素，多含磷、镁和锰，少含钙，粗纤维含量高。

【注意】 一般在配合饲料中米糠用量可占8%～12%。由于米糠含油脂较多，故久贮易变质。

7. 油脂饲料

油脂饲料的能量是玉米的2.25倍，包括各种油脂（如豆油、玉米油、菜籽油、棕榈油等）和脂肪含量高的原料，如膨化大豆、大豆磷脂等。油脂饲料可作为脂溶性维生素的载体，还能提高日粮能量浓度，减少料末飞扬和饲料浪费。添加大豆磷脂能保护肝脏，提高肝脏解毒功能，保护黏膜的完整性，提高鸡体免疫系统活力和抵抗力。

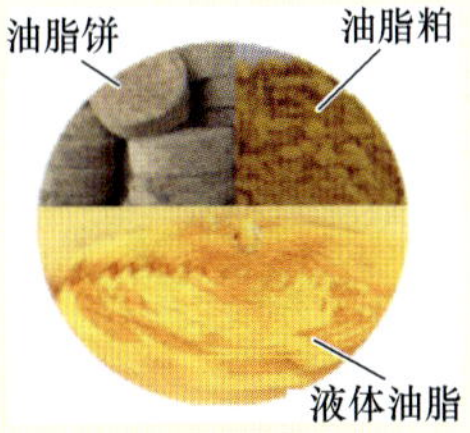

【注意】 日粮中添加3%～5%的脂肪，可以提高雏鸡的日增重，保证蛋鸡夏季能量的摄入量和减少体增热，降低饲料消耗。但添加脂肪的同时要相应提高其他营养素的水平。脂肪易氧化、酸败和变质。

二、蛋白质饲料

凡饲料干物质中粗蛋白质含量在20%以上，粗纤维含量低于18%的饲料均属蛋白质饲料。根据其来源可分为植物性蛋白质饲料、动物性蛋白质饲料和微生物蛋白质饲料。

1. 豆粕（饼）

豆粕（饼）中含粗蛋白质40%~45%，赖氨酸含量高，适口性好。经加热处理的豆粕（饼）是鸡最好的植物性蛋白质饲料。

【注意】 一般在配合饲料中豆粕用量可占15%~25%。由于豆粕（饼）的甲硫氨酸含量低，故与其他饼粕类或鱼粉等配合使用效果更好。

2. 花生粕（饼）

花生粕（饼）的粗蛋白质含量略高于豆饼，为42%~48%，精氨酸和组氨酸含量高，赖氨酸含量低，适口性好于豆饼。花生粕（饼）脂肪含量高，不耐贮藏，易染上黄曲霉而产生黄曲霉毒素。

【注意】 一般在配合饲料中花生粕（饼）的用量可占15%~20%。与豆饼配合使用效果较好。生长黄曲霉的花生粕（饼）不能使用。

3. 棉籽粕

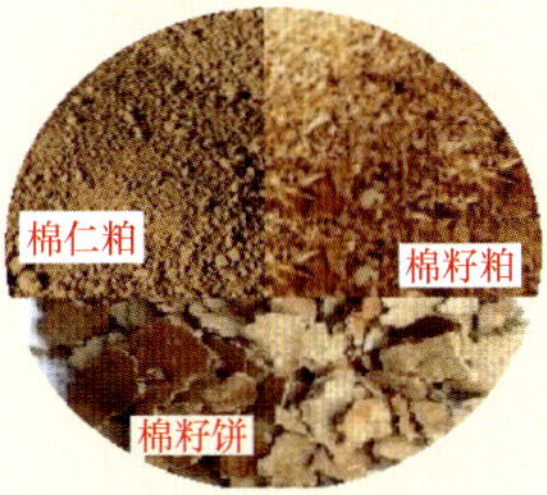

带壳榨油后所得副产物为棉籽饼或棉籽粕，脱壳榨油后所得副产物为棉仁粕，前者含粗蛋白质17%~28%；后者含粗蛋白质39%~40%。棉籽内含有棉酚和环丙烯脂肪酸，对家禽有害。

【注意】 投喂棉籽粕前应采用脱毒措施，未经脱毒的棉籽饼喂量不能超过配合饲料的3%~5%。

4. 菜籽粕（饼）

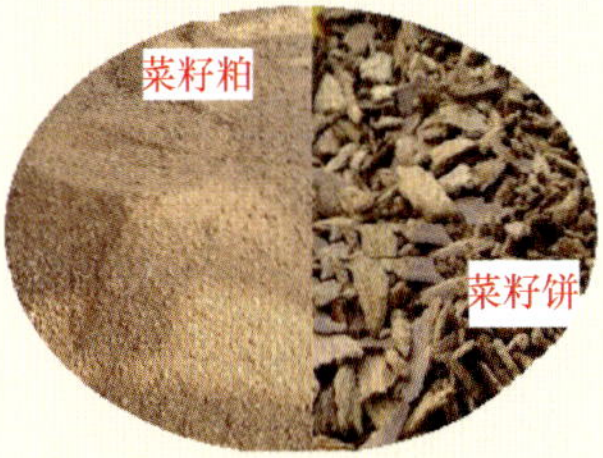

菜籽粕含粗蛋白质35%~40%，赖氨酸比豆粕低50%，含硫氨基酸高于豆粕14%，粗纤维含量为12%，有机质消化率为70%。可代替部分豆饼喂鸡。但菜籽饼中含有毒物质芥子酶。

【注意】 未经脱毒处理的菜籽粕（饼）饲喂蛋鸡用量不超过5%，用到10%时，蛋鸡的死亡率增加，产蛋率、蛋重及哈氏单位（检测鸡蛋品质的重要指标）下降，甲状腺肿大。菜籽粕（饼）饲喂褐壳蛋鸡会使蛋带鱼腥味。

5. 芝麻饼

芝麻饼的粗蛋白质含量达40%左右，甲硫氨酸含量高，适当与豆饼搭配喂鸡，能提高蛋白质的利用率。

【注意】 配合饲料中芝麻饼的用量可占5%～10%。芝麻饼含脂肪多，故不宜久贮，最好现粉碎现喂。

6. 葵花饼

优质的脱壳葵花饼含粗蛋白质40%以上，粗脂肪5%以下，粗纤维10%以下，B族维生素含量比豆饼高。

【注意】 一般在配合饲料中葵花饼用量可占10%～20%。带壳的葵花饼不宜饲喂蛋鸡。

7. 鱼粉

鱼粉中蛋白质含量高达45%～60%，氨基酸齐全平衡，富含赖氨酸、甲硫氨酸、胱氨酸和色氨酸。鱼粉中含有丰富的维生素A和B族维生素，特别是维生素B_{12}，还含有钙、磷、铁、未知生长因子和脂肪。

【注意】 一般在配合饲料中鱼粉用量可占5%～15%。用它来补充植物性饲料中限制性氨基酸不足，效果很好。

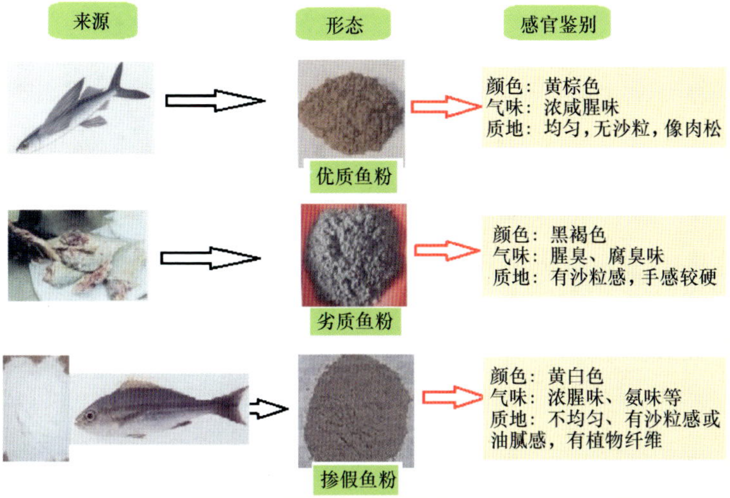

鱼粉的真假鉴别

8. 血粉

血粉含粗蛋白质80%以上，赖氨酸含量为6%~7%，但甲硫氨酸和异亮氨酸含量较少。

【注意】 血粉的适口性差，日粮中如果用量过多，易引起腹泻，一般占日粮1%~3%。

9. 肉骨粉

肉骨粉的粗蛋白质含量达40%以上，蛋白质消化率高达80%，赖氨酸含量丰富，甲硫氨酸和色氨酸较少，钙、磷含量高，比例适宜。

【注意】 肉骨粉易变质，不易保存，一般在配合饲料中用量在5%左右。

10. 蚕蛹粉

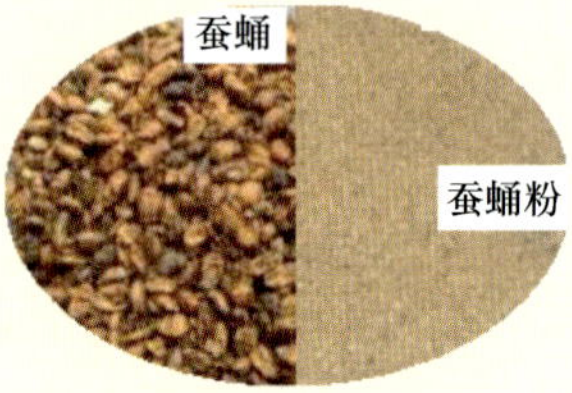

蚕蛹粉含粗蛋白质约68%，蛋白质品质好，限制性氨基酸含量高，是鸡的良好的蛋白质饲料。

【注意】 蚕蛹粉脂肪含量高，不耐贮藏，配合饲料中用量可占5%～10%。

11. 羽毛粉

水解羽毛粉含粗蛋白质近80%，但甲硫氨酸、赖氨酸、色氨酸和组氨酸含量低，使用时要注意氨基酸平衡问题，应该与其他动物性饲料配合使用。

【注意】 一般在配合饲料中羽毛粉的用量为2%～3%，过多会影响鸡的生长和生产。在蛋鸡饲料中添加羽毛粉可以预防和减少啄癖。

12. 微生物蛋白质饲料

微生物蛋白质饲料是利用各种微生物制成的蛋白质饲料，包括酵母、非病原菌、原生动物及藻类。在饲料中使用较多的是酵母饲料。

三、矿物质饲料

矿物质饲料是为补充植物性和动物性饲料中某种矿物质元素的不足而使用的一类饲料。

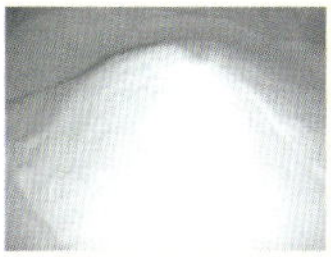

骨粉和磷酸氢钙含有大量的钙和磷，而且比例合适，主要用于磷不足的饲料。在配合饲料中用量可占 1.5%～2.5%（左为骨粉，右为磷酸氢钙）。

贝壳粉是最好的钙质矿物质饲料，含钙量高，容易吸收。在配合饲料中其用量可占 1.5%～2.5%。

石粉和石粒价格便宜，含钙量高，但鸡吸收能力差。

蛋壳粉可以自制，将各种蛋壳经水洗、煮沸和晒干后粉碎即成，吸收率也较高。

【注意】 贝壳粉、石粉和蛋壳粉在鸡配合饲料中的用量：育雏及育成阶段为 1%～2%，产蛋阶段为 6%～7%。使用蛋壳粉严防传播疾病。

食盐主要用于补充鸡体内的钠和氯，保证鸡体正常新陈代谢，还可以增进鸡的食欲。用量可占日粮的 3%～3.5%。

沸石是一种含水的硅酸盐矿物，在自然界中达40多种。沸石中含有磷、铁、铜、钠、钾、镁、钙、银、钡等20多种矿物质元素，是一种质优价廉的矿物质饲料。在配合饲料中其用量可占1%～3%。可以降低鸡舍内有害气体含量，保持舍内干燥。

四、维生素饲料

在鸡的日粮中主要提供各种维生素的饲料叫维生素饲料，包括青菜类、块茎类、青绿多汁饲料和草粉等。常用的有白菜、胡萝卜、野菜类和干草粉（苜蓿草粉、槐叶粉和松针粉）等。在规模化饲养条件下，使用维生素饲料不方便，多利用人工合成的维生素添加剂来代替。

五、饲料添加剂

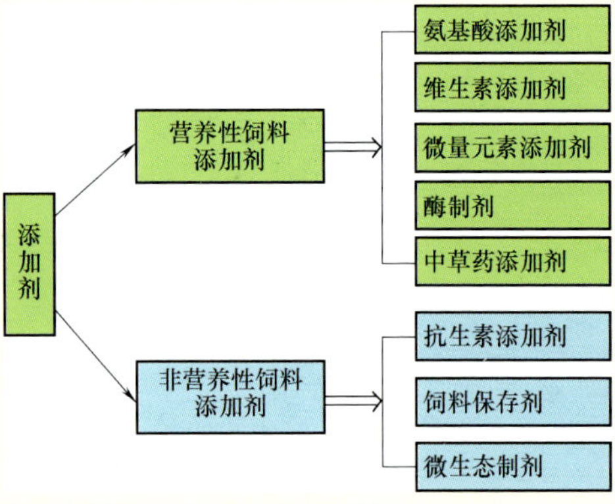

为了满足鸡的营养需要，完善日粮全价性，需要在饲料中添加原来含量不足或不含有的营养物质和非营养物质，以提高饲料利用率，促进鸡的生长发育，防治某些疾病，减少饲料贮藏期间营养物质的损失或改进产品品质等，这类物质称为饲料添加剂。饲料添加剂可分为营养性饲料添加剂和非营养性饲料添加剂。

第三节　蛋鸡的日粮配合

一、蛋鸡的饲养标准

根据鸡维持生命活动和从事各种生产，如产蛋、产肉等对能量和各种营养物质需要量的测定，并结合各地饲料条件及当地环境因素，制定出鸡对能量、蛋白质、必需氨基酸、维生素和微量元素等的供给量或需要量，称为鸡的饲养标准，并以表格形式以每日每只具体需要量或占日粮含量的百分数来表示（表2-1）。

表2-1　蛋鸡和种鸡的饲养标准（NY/T 133—2004）

营养成分	周龄			产蛋鸡		种母鸡
	0～8周	9～18周	19周～开产	产蛋率<85%	产蛋率>85%	
代谢能/(兆焦/千克)	11.91	11.70	11.50	11.29	10.87	11.29
粗蛋白质（%）	19.00	15.50	17.00	16.50	15.50	18.00
纤维素（%）	3～5.00	3～5.00	3～5.00	—	—	—
钙（%）	0.90	0.80	2.00	3.5	3.50	3.50
总磷（%）	0.70	0.60	0.55	0.60	0.60	0.60
有效磷（%）	0.40	0.35	0.32	0.32	0.32	0.32
食盐（%）	0.37	0.37	0.37	0.37	0.37	0.37
甲硫氨酸（%）	0.37	0.27	0.34	0.34	0.32	0.34
甲硫氨酸+胱氨酸（%）	0.74	0.55	0.64	0.65	0.56	0.65
赖氨酸（%）	1.00	0.68	0.70	0.75	0.70	0.75
色氨酸（%）	0.20	0.18	0.19	0.16	0.15	0.16
精氨酸（%）	1.18	0.98	1.02	0.76	0.69	0.76
亮氨酸（%）	1.27	1.01	1.07	1.02	0.98	10.2
异亮氨酸（%）	0.71	0.59	0.60	0.72	0.66	0.72
苯丙氨酸（%）	0.64	0.53	0.54	0.58	0.52	0.58
苯丙氨酸+酪氨酸（%）	1.10	0.98	1.00	1.08	1.06	1.08
苏氨酸（%）	0.66	0.55	0.62	0.55	0.50	0.55
缬氨酸（%）	0.70	0.60	0.62	0.59	0.54	0.59
组氨酸（%）	0.31	0.25	0.27	0.25	0.23	0.25
甘氨酸+丝氨酸（%）	0.82	0.60	0.71	0.57	0.48	0.57

（续）

营养成分	周龄			产蛋鸡		种母鸡
	0~8周	9~18周	19周~开产	产蛋率<85%	产蛋率>85%	
维生素A/(国际单位/千克)	4000	4000	4000	9000	8000	10000
维生素D_3/(国际单位/千克)	800	800	800	1600	1600	2000
维生素E/(毫克/千克)	10	8	8	5	5	10
维生素K_3/(毫克/千克)	0.5	0.5	0.5	0.5	0.5	1.0
维生素B_1（毫克/千克)	1.8	1.3	1.3	0.8	0.8	0.8
维生素B_2（毫克/千克)	3.6	1.8	2.2	2.5	2.5	3.8
泛酸/(毫克/千克)	10	10	10	2.2	2.2	2.2
烟酸/(毫克/千克)	30	11	11	20	20	30
吡哆醇/(毫克/千克)	3	3	3	3.0	3.0	4.5
生物素/(毫克/千克)	0.15	0.10	0.10	0.10	0.10	0.15
氯化胆碱/(毫克/千克)	1300	900	500	500	500	500
叶酸/(毫克/千克)	0.55	0.25	0.25	0.25	0.25	0.35
维生素B_{12}/(毫克/千克)	0.010	0.003	0.004	0.004	0.004	0.004
亚油酸/(毫克/千克)	1	1	1	0.10	0.10	0.15
铜/(毫克/千克)	8	8	8	8	8	6
碘/(毫克/千克)	0.35	0.35	0.35	0.35	0.35	0.35
铁/(毫克/千克)	80	60	60	60	60	60
锰/(毫克/千克)	60	40	40	80	80	60
锌/(毫克/千克)	60	40	40	60	60	60
硒/(毫克/千克)	0.30	0.30	0.30	0.30	0.30	0.30

二、配制方法

1. 日粮配制原则

日粮配制原则

- 营养性 ⟹ 以鸡的饲养标准为依据，结合环境条件、饲料情况进行适当调整，满足不同类型鸡的营养需求，首先考虑能量需要，然后调整蛋白质和其他营养成分，并注意饲料多样化
- 生理性 ⟹ 根据各类鸡不同的生理特点，选择适宜饲料进行搭配，以符合其消化能力和保持良好适口性。配合日粮所用的饲料种类力求保持相对稳定，避免频繁变动引起应激
- 经济性 ⟹ 充分利用饲料的替代性和互补性，就地取材，选择质优价廉的饲料原料，降低饲料成本
- 安全性 ⟹ 饲料安全关系产品安全，也影响鸡的健康。饲料中含有的物质、品种和数量必须控制在安全允许的范围内

2. 不同类型鸡饲料配方设计的要点

不同类型鸡饲料配方的设计技巧

- 蛋用雏鸡 ⟹
  - 雏鸡生长速度快，对营养缺乏敏感。饲料的营养水平高且平衡。蛋白质含量达到18%~20%，代谢能12.12兆焦/千克以上。钙磷平衡，有充足的维生素
  - 雏鸡饲料一般选用优质饲料原料，例如玉米、豆粕、优质鱼粉、小麦麸等营养浓度高且易消化的原料。棉籽饼、菜籽饼、皮革粉、蹄角粉等劣质饲料原料不用
  - 雏鸡饲料中钙含量如果超过其营养需要，会严重影响鸡的生长发育，导致代谢紊乱，甚至发病，因此要控制钙的含量
- 青年蛋鸡 ⟹
  - 青年阶段是骨骼和肌肉生长发育较快的时期，应喂给可增强骨骼、肌肉、内脏发育的饲料。增加维生素和微量元素的供给量，增加青饲料、糠麸类和块根块茎类饲料的供给量
  - 青年鸡日粮蛋白质含量应随体重增加而减少，但应保证氨基酸的供给和平衡。可以适当选择成本低的劣质原料和粗饲料等
  - 青年鸡前期钙含量不超过1%，16周龄以后将钙含量提高到2.5%以上，以便在开产前将钙沉积到长骨中
- 开产前蛋鸡 ⟹
  - 产蛋初期饲粮中添加1.5%~2.0%的脂肪，不仅能提高日粮能量水平，而且能改善日粮适口性，提高采食量
  - 蛋鸡开产前维持青年鸡日粮的营养浓度，也不用优质饲料原料，只是将钙和磷的浓度分别提高到2%和3.5%。直到产蛋率达5%时才开始逐渐换用高峰期蛋鸡饲料
- 开产后蛋鸡 ⟹
  - 开产后，蛋鸡新陈代谢旺盛，给予品质优良的配合饲料。日粮代谢能不低于11.6兆焦/千克；粗蛋白质含量18%左右，含有足量氨基酸和最少3.5%的粗颗粒钙。添加2.0%~2.5%的脂肪，至少含2.0%的亚油酸
  - 高峰过后降低饲料中的蛋白质水平，或适当限制饲养

3. 配方设计方法

配制日粮首先要设计日粮配方，然后按方配料。试差法就是根据经验和饲料营养含量，先大致确定一下各类饲料在日粮中所占的比例，然后计算与饲养标准还差多少，再进行调整。这种方法简单易学，但计算量大，不易筛选出最佳配方。现举例说明。

例：用玉米、豆粕、棉粕、菜粕、食盐、甲硫氨酸、赖氨酸、骨粉、石粉、维生素和微量元素添加剂设计褐壳蛋鸡（产蛋率大于80%）全价饲料配方。

第一步，根据饲养对象、生理阶段和生产水平，选择饲养标准（表2-2）。

表 2-2　褐壳蛋鸡营养标准表

	代谢能/(兆焦/千克)	粗蛋白质(%)	钙(%)	磷(%)	甲硫氨酸(%)	赖氨酸(%)	甲硫氨酸+胱氨酸(%)	食盐(%)
含量	11.8	17.5	3.5	0.6	0.39	0.85	0.72	0.37

第二步，根据饲料原料成分表查出所用各种饲料的养分含量（表2-3）。

表 2-3　各种饲料的养分含量表

原料	代谢能/(兆焦/千克)	粗蛋白质(%)	钙(%)	磷(%)	甲硫氨酸(%)	赖氨酸(%)	甲硫氨酸+胱氨酸(%)
玉米	14.06	8.6	0.04	0.21	0.13	0.27	0.27
豆粕	11.05	43	0.32	1.50	0.48	2.54	2.54
棉粕	8.16	33.8	0.31	0.64	0.36	1.29	1.29
菜粕	8.46	36.4	0.73	0.95	0.61	1.23	1.23
骨粉	—	—	36.4	16.4	—	—	—
石粉	—	—	35.0	—	—	—	—

第三步，初拟配方。根据饲养经验，初步拟定一个配合比例，然后计算能量蛋白质营养物质含量。鸡饲料中，能量饲料占50%～

70%，蛋白质饲料占25%～30%，矿物质饲料占3%～10%，添加剂饲料占0%～3%。根据各类饲料的占用比例和饲料价格，初拟配方和计算（表2-4）。

表2-4　初拟配方及配方中能量和蛋白质含量表

原　料	代谢能/(兆焦/千克)	粗蛋白质（%）
玉米60%	8.436	5.16
豆粕26%	2.873	11.18
棉粕2%	0.163	0.676
菜粕2%	0.169	0.728
合计	11.641	17.74
标准	11.7	17.5

第四步，调整配方，使能量和蛋白质符合营养标准。由表中可算出能量比标准少0.059兆焦/千克，蛋白质多0.24%。用能量较高的玉米代替菜粕，每代替1%可以增加能量0.056兆焦[(14.06兆焦－8.46兆焦)×1%]，减少蛋白质27.8%[(36.4－8.6)×1%]。替代后能量为11.697兆焦/千克，蛋白质为17.46%，与标准接近。

第五步，计算矿物质和氨基酸的含量（表2-5）。

表2-5　矿物质和氨基酸含量表

原　料	钙（%）	磷（%）	甲硫氨酸（%）	赖氨酸（%）	甲硫氨酸+胱氨酸（%）
玉米61%	0.024	0.128	0.079	0.165	0.189
豆粕26%	0.083	0.390	0.155	0.660	0.281
棉粕2%	0.006	0.013	0.007	0.026	0.015
菜粕1%	0.008	0.010	0.006	0.013	0.015
合计	0.121	0.541	0.247	0.864	0.500
标准	3.50	0.60	0.39	0.85	0.72

由表2-5可知，饲料中钙比标准低3.28%，磷低0.06%。因骨粉中含有钙和磷，先用骨粉满足对钙和磷的需求。增加0.06%的磷需要添加骨粉0.4%（0.06÷16.4%）；0.4%的骨粉可提供0.146%

的钙，饲料中还差3.25%的钙，可以用石粉来补充，需要添加石粉9.3%。甲硫氨酸与标准差0.39%－0.247%＝0.143%，赖氨酸满足需要，甲硫氨酸＋胱氨酸与标准差0.22%，添加0.143%的甲硫氨酸后，还差0.077%，可用甲硫氨酸来补充。甲硫氨酸的总添加量为0.22%。维生素和微量元素预混剂添加0.25%，食盐添加0.37%，配方的总百分比是100.54%，多出0.54%，可以在玉米中减去。一般能量饲料调整不大于1%的情况下，日粮中能量和蛋白质指标的变化可以忽略。

第六步，列出配方和主要营养指标。

饲料配方：玉米60.46%、豆粕26%、棉粕2%、菜粕1%、骨粉0.4%、钙粉9.3%、食盐0.37%、甲硫氨酸0.22%、维生素和微量元素添加剂0.25%，合计100%。

营养水平：代谢能11.697兆焦/千克、粗蛋白质17.46%、钙3.5%、磷0.6%、甲硫氨酸＋胱氨酸0.72%、赖氨酸0.86%。

4. 配方举例（表2-6～表2-11）

表2-6　0～6周龄生长蛋鸡饲料配方

饲料组成	配方1	配方2	配方3	配方4	配方5
黄玉米（粗蛋白质8.7%）（%）	63.40	64.00	64.00	58.00	62.70
小米（%）	—	—	—	7.00	6.00
小麦麸（%）	9.00	6.40	7.40	8.75	8.55
大豆粕（粗蛋白质47.9%）（%）	15.00	14.00	13.00	12.00	8.50
鱼粉（进口）（%）	9.50	9.00	9.00	9.00	9.00
苜蓿粉（%）	—	3.50	3.50	2.50	2.50
骨粉（%）	2.00	2.00	2.00	1.50	1.50
食盐（%）	0.10	0.10	0.10	0.25	0.25
1%雏鸡预混料（%）	1.00	1.00	1.00	1.00	1.00
饲料组成	**配方6**	**配方7**	**配方8**	**配方9**	**配方10**
黄玉米（粗蛋白质8.7%）（%）	50.50	61.50	58.50	64.00	57.00
玉米胚饼（%）	8.00	8.00	—	—	—
小米（%）	10.50	—	—	—	—

（续）

饲料组成	配方 6	配方 7	配方 8	配方 9	配方 10
高粱（%）	—	—	5.50	—	—
大麦（%）	—	—	2.00	—	2.80
小麦麸（%）	3.00	1.50	4.40	6.40	11.30
大豆粕（%）	17.55	17.00	16.80	14.00	20.70
鱼粉（进口）（%）	7.00	—	—	9.00	5.00
鱼粉（国产）（%）	—	9.00	10.00	—	—
苜蓿粉（%）	—	—	—	3.50	—
槐叶粉（%）	—	—	—	—	2.00
骨粉（%）	1.50	2.00	1.50	2.00	—
石粉（%）	0.50	—	0.30	—	—
食盐（%）	0.30	—	—	0.10	0.20
甲硫氨酸（%）	0.15	—	—	—	—
1%雏鸡预混料（%）	1.00	1.00	1.00	1.00	1.00

表 2-7　蛋鸡 7～14 周龄日粮配方

饲料组成	配方 1	配方 2	配方 3	配方 4	配方 5	配方 6	配方 7
黄玉米（%）	67.60	67.50	72.00	70.60	67.50	67.00	70.00
小麦麸（%）	13.40	1.50	11.60	13.00	13.00	6.80	4.80
大豆粕（%）	7.80	12.00	—	6.00	6.90	11.00	—
亚麻粕（%）	—	12.00	8.00	—	—	10.00	14.00
鱼粉（进口）（%）	6.00	—	3.00	5.00	6.00	—	6.00
苜蓿粉（%）	2.00	3.80	2.00	2.65	3.90	2.00	2.00
骨粉（%）	1.00	1.00	1.00	1.50	1.50	1.00	1.00
石粉（%）	1.00	1.00	1.00	—	—	1.00	1.00
食盐（%）	0.20	0.20	0.20	0.25	0.20	0.20	0.20
甲硫氨酸（%）	—	—	0.05	—	—	—	—
赖氨酸（%）	—	—	0.15	—	—	—	—
1%生长鸡预混料（%）	1.00	1.00	1.00	1.00	1.00	1.00	1.00

（续）

饲料组成	配方8	配方9	配方10	配方11	配方12	配方13	配方14
黄玉米（%）	64.00	64.26	66.00	59.50	71.70	67.50	67.00
小麦（%）	—	—	—	10.00	—	—	—
小麦麸（%）	14.00	12.30	5.50	12.00	8.00	13.00	5.50
大豆粕（%）	16.00	19.20	9.00	10.20	12.00	6.90	9.00
鱼粉（进口）（%）	2.00	—	9.00	5.00	5.00	6.00	9.00
苜蓿粉（%）	—	—	6.50	—	—	3.90	6.50
骨粉（%）	2.10	2.44	1.00	1.00	1.00	1.00	1.00
石粉（%）	0.61	0.48	1.00	1.00	—	0.50	1.00
磷酸氢钙（%）	—	—	1.00	—	1.00	—	—
食盐（%）	0.20	0.20	—	0.30	0.20	0.20	—
甲硫氨酸（%）	0.09	0.12	—	—	0.10	—	—
1%生长鸡预混料（%）	1.00	1.00	1.00	1.00	1.00	1.00	1.00

表2-8　蛋鸡15～20周龄饲料配方

饲料组成	配方1	配方2	配方3	配方4	配方5	配方6
黄玉米（%）	68.30	67.50	72.00	74.90	64.10	73.00
小麦麸（%）	15.00	6.30	10.80	14.00	15.00	8.00
大豆粕（%）	2.50	7.50	—	0.50	5.00	—
亚麻粕（%）	—	7.50	6.00	—	—	9.00
鱼粉（进口）（%）	3.00	—	1.00	3.00	3.00	4.50
苜蓿粉（%）	8.00	7.90	7.00	4.30	9.60	3.30
骨粉（%）	1.00	1.00	1.00	1.00	2.00	1.00
石粉（%）	1.00	1.00	1.00	1.00	—	—
食盐（%）	0.20	0.30	0.20	0.30	0.30	0.20
1%生长鸡预混剂（%）	1.00	1.00	1.00	1.00	1.00	1.00
饲料组成	配方7	配方8	配方9	配方10	配方11	配方12
黄玉米（%）	66.25	68.00	73.50	68.57	69.30	65.00
高粱（%）	7.00	7.50	—	9.00	9.16	7.00

（续）

饲料组成	配方7	配方8	配方9	配方10	配方11	配方12
大麦（%）	5.00	4.50	—	5.00	4.00	5.00
小麦麸（%）	4.50	2.00	9.25	6.20	1.00	8.00
大豆粕（%）	2.50	—	2.00	5.30	—	7.00
菜籽粕（%）	2.00	5.00	—	—	6.00	—
棉仁粕（%）	2.00	5.00	2.00	—	4.50	—
鱼粉（进口）（%）	4.00	2.00	—	1.00	—	2.00
苜蓿粉（%）	3.00	—	9.00	2.00	2.50	3.00
骨粉（%）	1.50	3.00	1.40	0.07	0.70	1.50
磷酸氢钙（%）	1.00	1.50	1.50	—	1.50	—
贝壳粉（%）	—	—	—	1.50	—	0.25
食盐（%）	0.25	0.25	0.35	0.25	0.25	0.25
甲硫氨酸（%）	—	0.25	—	0.02	0.09	—
赖氨酸（%）	—	—	—	0.09	—	—
1%生长鸡预混剂（%）	1.00	1.00	1.00	1.00	1.00	1.00

表2-9 蛋鸡19（或20）周龄至开产的饲料配方

饲料组成	配方1	配方2	配方3	配方4	配方5	配方6	配方7
黄玉米（%）	66.00	67.50	72.00	65.00	65.80	66.00	66.00
小麦麸（%）	2.80	4.80	5.30	6.40	3.60	5.00	5.00
大豆粕（%）	10.00	—	—	8.00	9.30	5.30	5.30
亚麻粕（%）	9.50	9.50	7.00	—	10.00	—	6.50
鱼粉（进口）（%）	—	6.50	3.00	6.50	—	6.50	—
苜蓿粉（%）	2.00	2.00	3.00	4.90	2.00	7.40	7.40
骨粉（%）	1.00	1.00	1.00	1.00	1.00	1.50	1.50
石粉（%）	7.50	7.50	7.50	7.00	7.00	7.00	7.00
食盐（%）	0.20	0.20	0.20	0.20	0.30	0.30	0.30
1%生长鸡预混剂（%）	1.00	1.00	1.00	1.00	1.00	1.00	1.00

（续）

饲料组成	配方 8	配方 9	配方 10	配方 11	配方 12	配方 13
黄玉米（%）	66.00	62.25	71.00	66.50	62.00	71.50
小麦麸（%）	8.80	3.00	3.90	13.15	4.00	8.45
大豆粕（%）	7.50	8.00	—	3.50	18.00	5.00
菜籽粕（%）	—	4.00	—	—	4.00	5.00
棉仁粕（%）	—	4.00	—	—	3.00	—
亚麻粕（%）	—	—	12.00	—	—	—
鱼粉（进口）（%）	5.00	6.00	—	5.00	—	0.60
苜蓿粉（%）	3.00	1.50	3.00	2.50	—	—
槐叶粉（%）	—	3.00	—	—	—	—
骨粉（%）	1.00	2.00	1.50	1.00	1.70	1.00
石粉（%）	7.50	5.00	7.00	7.00	—	7.00
食盐（%）	0.20	0.25	0.30	0.35	6.00	0.30
甲硫氨酸（%）	—	—	0.13	—	0.25	0.09
赖氨酸（%）	—	—	0.17	—	0.05	0.06
1%生长鸡预混剂（%）	1.00	1.00	1.00	1.00	1.00	1.00

表 2-10　开产至产蛋高峰配方

饲料组成	配方 1	配方 2	配方 3	配方 4	配方 5	配方 6	配方 7
玉米（%）	64.40	62.20	64.86	64.67	60.82	61.67	67.00
小麦麸（%）	0.55	0.40	0.70	0.37	6.15	6.00	1.60
米糠饼（%）	—	5.00	—	—	6.00	—	—
大豆粕（%）	12.00	15.00	13.89	16.00	2.99	15.00	11.22
菜籽粕（%）	3.00	—	—	3.00	4.00	—	3.00
花生仁粕（%）	—	3.00	—	—	3.00	—	3.00
向日葵仁粕（%）	3.00	—	—	—	—	—	—
啤酒酵母（%）	—	—	4.00	—	—	—	—
玉米蛋白粉（%）	3.00	—	3.00	3.00	—	—	—

（续）

饲料组成	配方1	配方2	配方3	配方4	配方5	配方6	配方7
鱼粉（60.2%粗蛋白质）（%）	3.62	4.00	3.00	2.24	7.00	6.00	5.00
磷酸氢钙（无水）（%）	1.13	1.08	1.31	1.39	—	2.50	0.96
石粉（%）	8.00	8.00	8.00	8.00	8.81	7.00	6.75
食盐（%）	0.19	0.19	0.15	0.24	0.13	0.30	0.37
沙砾（%）	—	—	—	—	—	0.50	—
甲硫氨酸（%）	0.06	0.10	0.09	0.07	0.10	0.03	0.10
赖氨酸（%）	0.05	0.03	—	0.02	—	—	—
蛋鸡1%预混（%）	1.00	1.00	1.00	1.00	1.00	1.00	1.00

饲料组成	配方8	配方9	配方10	配方11	配方12	配方13
玉米（%）	33.72	32.95	33.27	31.38	—	—
高粱（%）	—	—	—	—	5.72	4.07
糙米（%）	30.00	30.00	30.00	30.00	56.00	58.00
小麦麸（%）	2.56	4.36	1.30	4.42	4.75	5.00
蚕豆粉浆蛋白粉（%）	—	—	—	—	—	3.00
大豆粕（%）	16.00	16.00	17.00	17.00	13.98	14.00
玉米蛋白粉（%）	—	—	—	5.00	3.00	—
花生粕（%）	—	3.00	—	—	—	—
向日葵仁粕（%）	—	—	5.00	—	—	—
菜籽粕（%）	3.00	—	—	—	3.00	—
鱼粉（国产）（%）	4.00	3.00	2.83	1.18	3.00	3.00
苜蓿草粉（%）	—	—	—	—	—	2.43
磷酸氢钙（无水）（%）	1.00	1.26	1.29	1.62	1.21	1.16
石粉（%）	8.00	8.00	8.00	8.00	8.00	8.00
食盐（%）	0.52	0.23	0.22	0.29	0.24	0.24
甲硫氨酸（%）	0.10	0.10	0.09	0.09	0.10	0.10
赖氨酸（%）	0.10	0.10	—	0.02	—	—
蛋鸡1%预混（%）	1.00	1.00	1.00	1.00	1.00	1.00

表 2-11　蛋鸡高峰后的饲料配方

饲料组成	配方 1	配方 2	配方 3	配方 4	配方 5	配方 6	配方 7
黄玉米（%）	65.50	63.80	67.00	69.00	65.50	67.00	61.66
小麦麸（%）	1.40	0.50	1.20	3.30	11.10	1.11	1.62
大豆粕（%）	9.00	15.00	—	—	6.00	—	21.60
亚麻粕（%）	—	10.00	12.00	12.00	—	12.00	—
鱼粉（进口）（%）	8.20	—	9.20	4.10	5.00	9.20	2.00
苜蓿粉（%）	5.80	—	1.00	2.00	3.00	1.00	—
槐叶粉（%）	—	1.00	—	—	—	—	—
骨粉（%）	1.00	1.00	1.00	1.00	1.00	1.00	3.80
石粉（%）	8.00	7.50	7.50	7.50	7.00	7.50	7.90
食盐（%）	0.10	0.20	0.10	0.10	0.40	0.10	0.30
甲硫氨酸（%）	—	—	—	—	—	0.04	0.12
赖氨酸（%）	—	—	—	—	—	0.05	—
蛋鸡 1% 预混（%）	1.00	1.00	1.00	1.00	1.00	1.00	1.00

饲料组成	配方 8	配方 9	配方 10	配方 11	配方 12	配方 13
黄玉米（%）	63.80	63.35	65.17	65.11	62.00	61.54
小麦麸（%）	5.40	6.00	2.38	1.00	4.14	4.00
大豆粕（%）	19.90	14.00	19.60	22.70	21.92	22.00
鱼粉（进口）（%）	—	7.00	2.00	—	—	—
骨粉（%）	1.45	1.00	2.34	2.76	1.96	2.67
石粉（%）	7.95	7.50	7.24	7.13	8.50	8.28
食盐（%）	0.35	—	0.20	0.20	0.35	0.35
甲硫氨酸（%）	0.15	0.10	0.07	0.10	0.13	0.16
赖氨酸（%）	—	0.05	—	—	—	—
蛋鸡 1% 预混（%）	1.00	1.00	1.00	1.00	1.00	1.00

第四节　饲料的配制与加工

一、配合饲料的种类及关系

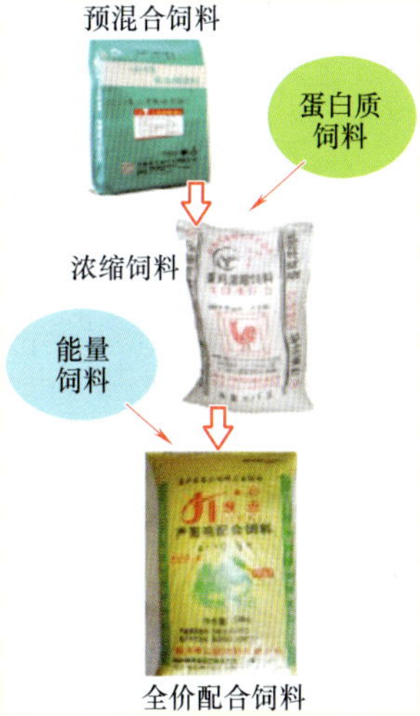

蛋鸡预混料是氨基酸、维生素、微量元素及非营养性添加剂等与稀释剂混合而成的。不能单独饲喂蛋鸡。占全价饲料的1%～5%。

蛋鸡浓缩料是预混料与蛋白质饲料混合而成的。不能单独饲喂蛋鸡。占全价饲料的20%～40%。

蛋鸡全价饲料是浓缩料与能量饲料混合而成的。营养全面均衡，可以直接饲喂鸡。

二、饲料原料的选购

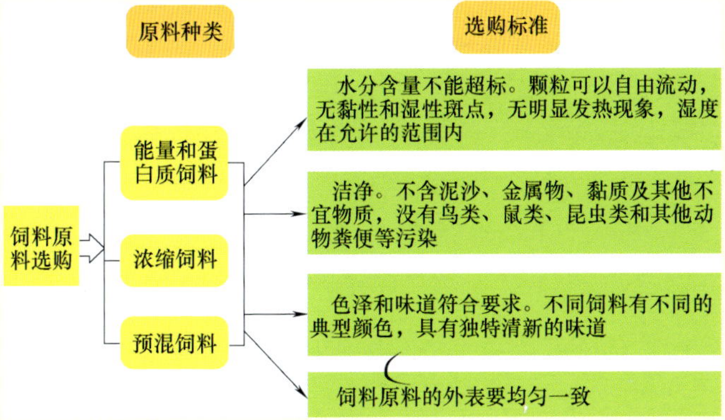

三、饲料的储藏

饲料储藏

- **籽实及加工副产品饲料**：应尽量降低储料温度和水分，在低温干燥条件下，控制微生物和害虫的活性，以保证安全储存。还要注意防鼠和虫害
- **添加剂混合饲料或成品饲料**：应储存在干燥、低温、光线暗的房屋内(避免阳光直射)。即使储存条件适宜，也不要存放太久，时间越短越好。正常情况下，各种维生素添加剂储存期不超过6个月

四、饲料的加工

饲料加工的程序一般是原料粉碎→混合→膨化制粒（蛋鸡饲养中多采用粉状料，较少进行膨化制粒）→饲料包装。目前，饲料加工机械比较完备，可以根据加工量选择不同的机械加工设备。

第三章

蛋鸡场的设计与环境控制

环境是影响蛋鸡健康和生产性能发挥的重要因素，越是高产的品种，对环境的依赖性越强。只有提供良好的环境，蛋鸡的生产潜力才能充分发挥。

第一节　合理设计和建设鸡场

一、鸡场的场址选择和布局

1. 场址选择

选择场址时应根据鸡场的经营方式、生产特点、饲养管理方式及生产集约化程度等特点进行全面综合考查。总体要求应符合当地土地利用发展规划与农牧业发展规划要求，选择地势高燥、排水良好、向阳避风，与交通干道、污染源和生态保护区有一定距离的地方，水源和土壤符合洁净卫生；场地周围有大片的农田或果园、林地、草场等。

（1）位置　选择场址应注意到鸡场与周围社会的关系，既不能使鸡场成为周围社会的污染源，也不能受周围环境的污染。应选在居民区的低处和下风处。但应避开居民污水排放口，更应远离化工厂、制革厂、屠宰场等易造成环境污染的企业。蛋鸡场应距居民区500米以上的距离。鸡场应交通便利，但应距主要公路100～300米。场内应有专用公路相连。

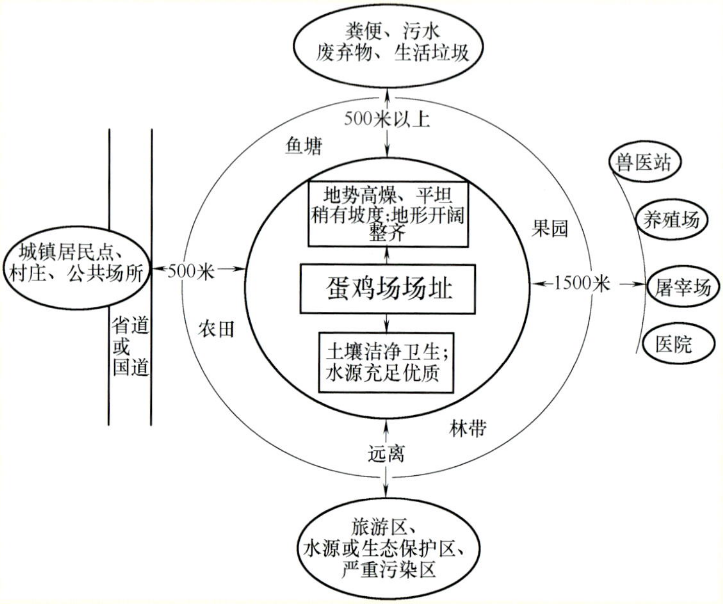

场址选择总体要求图

蛋鸡场远离村庄、居民点和工矿企业，远离污染源，具有较好的隔离条件。

蛋鸡场有专用道路。

（2）地形、地势 地形、地势与蛋鸡场和鸡舍的温热环境和环

境污染关系很大。

场地的地势高燥，平坦而稍有坡度（地面坡度以 1% ~ 3% 为宜，最大不得超过 25%）。向阳背风（特别避开西北方向的山口或长形谷地）。远离沼泽地区，以避免寄生虫和昆虫的危害。

鸡舍位置高出历史洪水线 2 米。

地形要开阔，整齐，不要边角太多，否则不利于规划布局。

场区面积适宜，并要留有发展的余地。周围有大量的草地、林地、果园、耕地等，既可以消纳粪污，又可以净化环境。

地势高燥平坦，向阳背风，北侧有林带。

背靠大山，有山林作为屏障。

场地面积与生产关系密切，面积如果过小，不利于卫生管理和鸡群健康，面积如果过大，就会增加生产成本。面积要符合生产要求（表3-1）。我国政府规定的畜牧场用地标准：1万只家禽占地面积是4.00万~4.67万米^2（4.00~4.67米^2/只）；2万只家禽占地面积是7万~8万米^2（3.5~4.0米^2/只）；3万只家禽占地面积是10万~12万米^2（3.33~4.00米^2/只）。

表3-1　不同规模蛋鸡场的场地面积表

饲养规模/万只	占地面积/米^2	折合亩数/亩	每只鸡饲养面积/米^2
<1	1115	1.67	1.29
1~5	11 920	17.87	0.532
5~10	26 190	39.87	0.424
10~20	40 940	61.38	0.251
>20	130 390	195.49	0.395

（3）水源　鸡场在生产过程中，饮用、清洗消毒、防暑降温、生活用水等都需要大量的水，建立蛋鸡场必须有可靠的水源。水源的水量应充足、水质良好（符合饮用水标准）、便于防护（以保护水源水质经常处于良好状态，不受周围的污染）和取用方便（设备投资少，处理简便易行）。选择场址时要对水源进行水质检测，生产中还要定期对水源进行检查，始终使水源处于良好状态（表3-2、表3-3）。

表 3-2 不同季节鸡的需水量标准表（单位：升/1000 只鸡）

周 龄	冬 季	夏 季
1 周龄	20	32
4 周龄	50	75
12 周龄	115	180
18 周龄	140	200
产蛋率 50%	150	250
产蛋率 90%	180	300

表 3-3 鸡的饮用水标准表

	项 目	标 准
感官性状及一般化学指标	色度	≤30°
	浑浊度	≤20°
	臭和味	不得有异臭异味
	肉眼可见物	不得含有
	总硬度(以 $CaCO_3$ 计)/(毫克/升)	≤1500
	pH	≤6.4～8.0
	溶解性总固体/(毫克/升)	≤1200
	氯化物(以 Cl 计)/(毫克/升)	≤250
	硫酸盐(以 SO_4^{2-} 计)/(毫克/升)	≤250
细菌学指标	总大肠杆菌群数/(个/100 毫升)	≤1(雏禽)
毒理学指标	氟化物(以 F^- 计)/(毫克/升)	≤2.0
	氰化物/(毫克/升)	≤0.05
	总砷/(毫克/升)	≤0.2
	总汞/(毫克/升)	≤0.001
	铅/(毫克/升)	≤0.1
	铬/(六价)/(毫克/升)	≤0.05
	镉/(毫克/升)	≤0.01
	硝酸盐(以 N 计)/(毫克/升)	≤30

地层深水是理想水源。

水塘河流作为水源时，最好建立渗水井取水。

（4）土壤 蛋鸡场场地的土壤特性对鸡的健康和生产力影响较大。从防疫卫生观点出发，场地土壤要求透水性和透气性好，容水量及吸湿性小，毛细管作用弱，导热性小，保湿性良好；不被有机物和病原微生物污染；没有地质化学环境性地方病和非沼泽性土壤。在不被污染的前提下，选择砂壤土建场较理想。如果受客观条件所限，土壤达不到理想要求，这就需要在畜舍设计、施工、使用和管理上采取措施，弥补当地土壤的缺陷。

沙壤土是较为理想的土壤，既有较好的透水透气性能和抗压性，又有较小的导热性和良好的保湿性。

蛋鸡场不要在其他畜禽养殖场场址上重建或改建，也不要建在开设兽医站和医院的场地上，以避免传染病的传播和危害。

（5）电源　现代蛋鸡场机械化程度较高，对电力依赖性强，各个生产环节，如孵化、育雏、给料、饮水、清粪、集蛋、环境控制（通风换气、照明、采暖、降温）等均需要稳定可靠的电源，选择场址时也要加以考虑。

大型鸡场要有独立的变压器和配电房，同时要配备相匹配的备用发电机组。

2. 规划布局

鸡场通常根据生产功能，分为生产区、生活管理区和隔离区等，规划要考虑主导风向和地势。

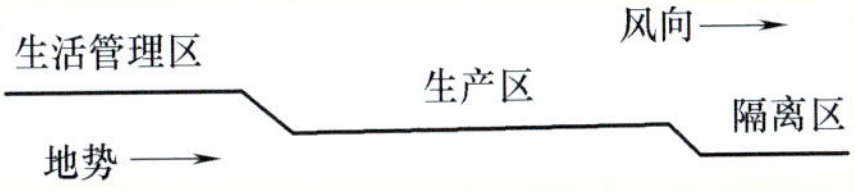

分区规划要考虑地势和主导风向。

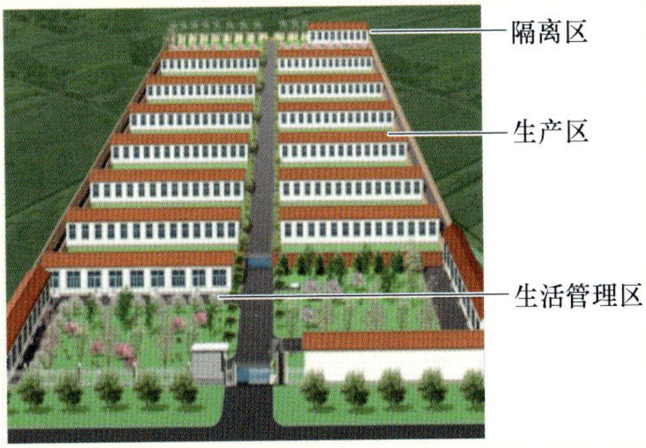

高密市格瑞生态农业有限公司综合性鸡场鸟瞰图。

（1）生活管理区　生活管理区主要负责鸡场的经营管理活动，与社会联系密切，易造成疫病的传播和流行，该区的位置应靠近鸡场大门，并与生产区分开，外来人员只能在管理区活动，不得进入生产区。场外运输车辆不能进入生产区。车棚、车库均应设在管理区，除饲料库外，其他仓库也应设在管理区。职工生活区应设在上风向和地势较高处，以免鸡场产生的不良气味、噪声、粪尿及污水，因风向和地面径流污染生活环境和造成人、畜疾病的传染。

管理区和生产区要相互独立，并进行隔离（前面是管理区，后面是生产区）。

饲料加工和储存建筑物可以设在管理区，但要靠近生产区，便于原料的进入和饲料的分发。

（2）生产区　生产区是蛋鸡生活和生产的场所，该区的主要建筑为各种畜舍及生产辅助建筑物。生产区内饲养雏鸡、育成鸡和产蛋鸡等不同日龄段的鸡群，因为鸡的日龄段不同，其生理特点、环境要求和抗病力不同，所以在生产区内要分小区规划，育雏区、育成区和产蛋区严格分开，并加以隔离，日龄小的鸡群安放在安全地带（上风向、地势高的地方）。

生产区应位于全场中心地带，地势应低于管理区，并在其下风向；但要高于病畜管理区，并在其上风向。

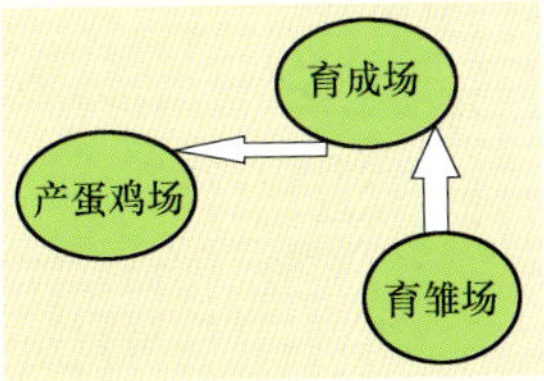

或

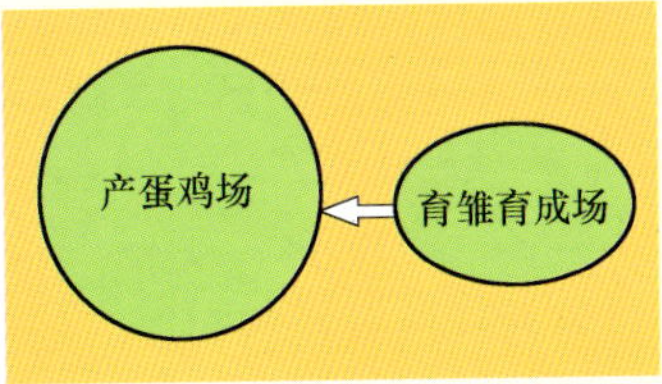

大型鸡场应分场规划，即育雏场、育成场和产蛋鸡场分开，场与场之间保持一定距离（500～1000米），隔离效果更好，疾病发生机会更小。

（3）隔离区（粪污处理区） 隔离区是蛋鸡场处理粪污、病死鸡和对病鸡隔离、诊断治疗的区域，是防止病原扩散、传播的关键环节。为防止疫病传播和蔓延，该区应在生产区的下风向，并在地势最低处，而且应远离生产区。隔离舍应尽可能与外界隔绝。该区四周应有自然的或人工的隔离屏障，设单独的道路与出入口。

疾病诊断治疗室，进行病鸡的诊断、治疗和隔离饲养。

鸡场的污水处理池。

鸡场的粪便处理车间。粪污不露天堆放。

3. 建筑物布局

建筑物布局就是建筑物的摆放位置。分区规划后，根据各区的建筑物种类合理安排其位置，以利于生产和管理。

（1）鸡舍的排列方式 鸡舍排列方式多种多样，比较常见的排列方式有单列式和双列式。如果场地过宽，也可采用多列式。

单列式鸡舍布局图及实景图

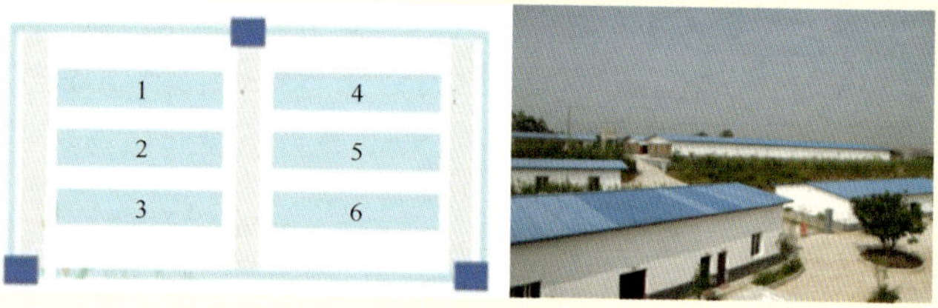

双列式鸡舍布局图及实景图

多列式鸡舍布局图及实景图

（2）鸡舍距离 鸡舍间距会影响鸡舍的通风、采光、卫生和防火。鸡舍之间距离过小，通风时，上风向鸡舍的污浊空气容易进入下风向鸡舍内，引起病原在鸡舍间传播；采光时，南边的建筑物遮挡北边建筑物；发生火灾时，很容易殃及全场的鸡舍及鸡群；由于鸡舍密集，场区的空气环境容易恶化，微粒、有害气体和微生物含量过高，容易引起鸡群发病。为了保持场区和鸡舍环境良好，鸡舍之间应保持适宜的距离。

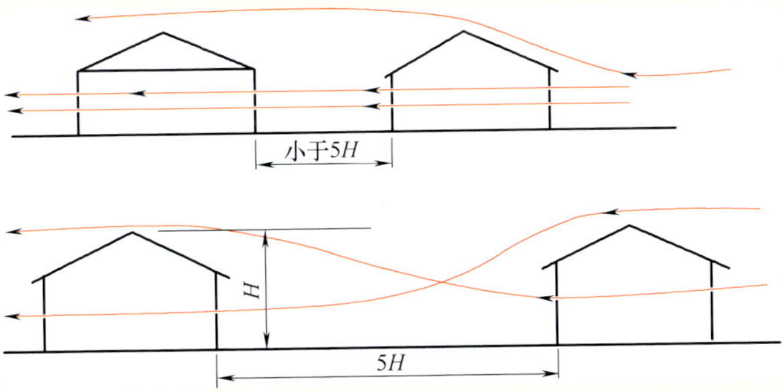

鸡舍通风效果图

开放舍间距应为舍高的5倍。一般为20～30米。

密闭舍间距以15～25米较为适宜。

目前我国许多鸡场（户）的鸡舍间距过小（3～10米），已直接影响到鸡群的健康生长和生产性能的发挥。

（3）鸡舍朝向 鸡舍朝向指鸡舍纵轴与地球经线是水平还是垂直。鸡舍朝向影响到鸡舍的采光、通风和太阳辐射。朝向选择应考虑当地的主导风向、地理位置、鸡舍采光和通风排污等情况。

鸡舍内的通风效果与气流的均匀性和通风量的大小有关，但主要看进入舍内的风向角。风向与鸡舍纵轴方向垂直，则进入舍内的是穿堂风，有利于夏季的通风换气和防暑降温，不利于冬季的保温；风向与鸡舍纵轴方向平行，风不能进入舍内，通风效果差。所以要求鸡舍纵轴与夏季主导风向的角度在45°~90°较好。

鸡舍的纵轴方向东西向，对我国大部分地区的开放舍是较为适宜的。这样在冬季可以充分利用太阳辐射的温热效应和射入舍内的阳光防寒保温；夏季辐射面积较少，阳光不易直射舍内，容易形成穿堂风，有利于鸡舍的防暑降温。

4. 道路

鸡场设置清洁道和污染道。清洁道供饲养管理人员、清洁的设备用具、饲料和新母鸡等使用；污染道供清粪、污浊的设备用具、病死和淘汰鸡使用。清洁道和污染道不可交叉。

清洁道是生产区的主干道，位于上风向，靠近进风口。宽度宜为6~8米。

污染道位于下风向，靠近风机。宽度宜为3~4米。

鸡场道路要绿化和硬化，两旁留有排水沟。

5. 储粪场

鸡场设置粪尿处理区。粪场可设置在多列鸡舍的中间，靠近道路，有利于粪便的清理和运输。储粪场和污水池要进行防渗处理，避免污染水源和土壤。

粪尿处理区距鸡舍 30 ~ 50 米，并在鸡舍的下风向。

粪便处理后成为优质有机肥。

6. 防疫隔离设施

鸡场周围设置隔离墙。大门设置消毒池和消毒室，供进入人员、设备和用具消毒。

鸡场周围要设置隔离墙，墙体严实，高度宜为2.5~3米。

蛋鸡养殖场大门口的车辆消毒。

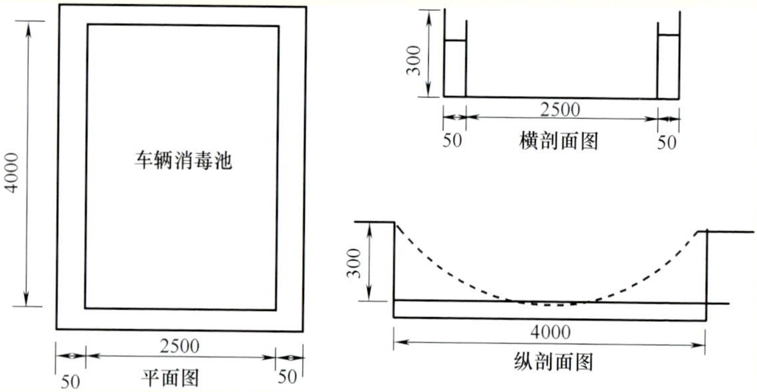

车辆消毒池的结构图（单位：毫米）

蛋鸡场大门口的人员消毒室（左：雾化中的人员通道；右：更衣室紫外线灯消毒）。

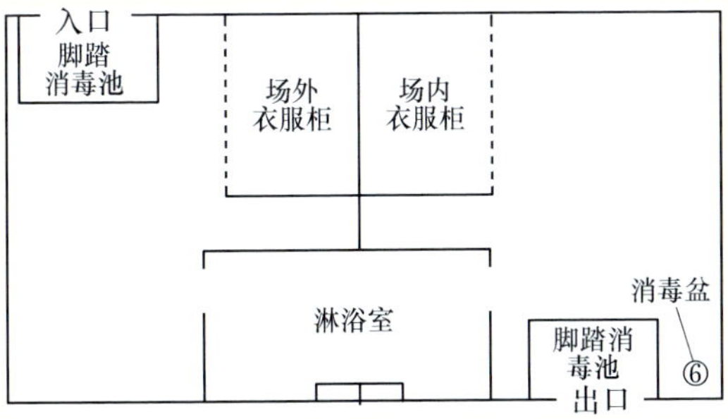

人员消毒室结构图

7. 绿化

鸡场植树、种草等绿化不仅可以美化环境，而且可以净化环境（改善场区小气候、净化空气和水质、降低噪声等），形成隔离屏障。规划时必须留出绿化用地，包括防风林、隔离林、行道绿化、遮阳绿化以及绿地等。

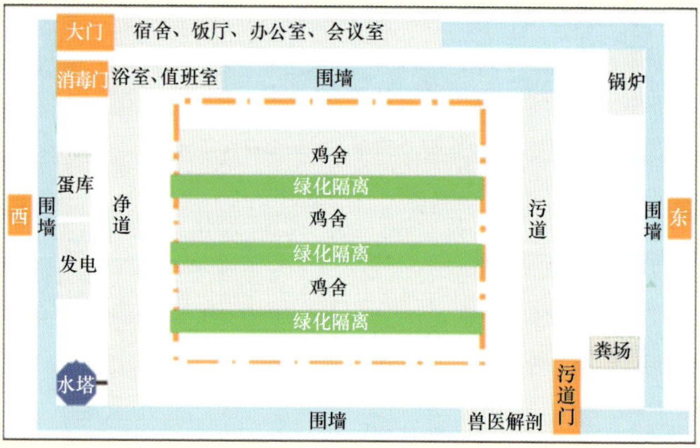

鸡场的总平面布局图

二、鸡舍设计

鸡舍是鸡生活和生产的场所，鸡舍设计对于维持鸡舍良好环境、保证鸡的健康和生产性能发挥具有重要作用。

1. 鸡舍的结构及要求

（1）屋顶的形式和要求 屋顶形式多种多样，根据不同地区特点、气候特点和实际情况选择最适宜的屋顶形式和结构。对屋顶的要求是：耐久、耐火、防水、光滑、不透气；保温隔热（最好设置天棚）；具有一定承重能力；结构简便，造价较低；屋顶净高（指地面到天棚高度），一般地区净高 3～3.5 米，严寒地区 2.4～2.7 米。

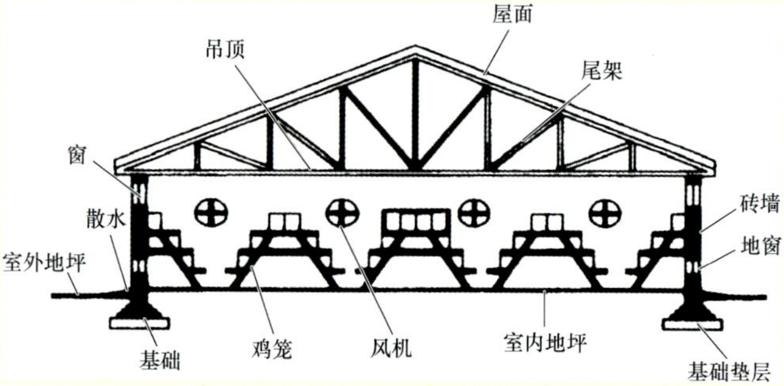

鸡舍结构的主要组成部分

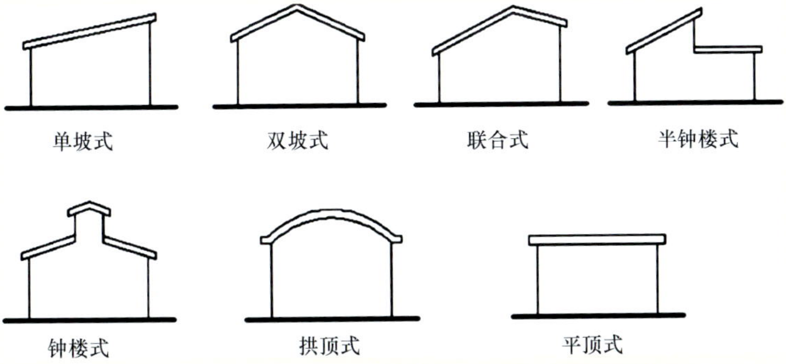

屋顶的形式

彩钢瓦钟楼式屋顶，夏季防暑效果好，冬季密封开露部分。适合南方地区。

双坡式红瓦屋顶，北方多见双坡式屋顶，成本不高，容易施工建设，跨度可大可小。

双拱形屋顶，造价低，屋顶内侧可用水冲洗。

单坡式双层石棉瓦中间夹泥巴屋顶。成本低，保温隔热。

（2）墙体形式和要求 根据墙体情况将鸡舍分为棚舍、开放舍和密闭舍。对墙体的要求是：坚固、耐久、抗震、耐水、防火；有良好的保温隔热性能；结构简单，便于清扫消毒；防潮防水处理（用防水耐久材料抹面，保护墙面不受雨雪侵蚀，做好散水和排水沟，以及设防潮层和墙围）。

棚舍。安装帘子布和卷帘机，根据外界气候变化升降帘子布。鸡舍建筑成本低，可以充分利用自然条件。

开放舍。侧墙上留有窗户，根据外界气候变化开启窗户。可以充分利用外界自然条件。

密闭舍。侧墙封闭或留有很小的应急窗。舍内环境由人工控制，不受外界气候影响。鸡舍和设备投资大，鸡的生产性能高。

（3）地面的要求　鸡舍地面要硬化，便于清洁消毒。

蛋鸡舍阶梯式笼养的清粪沟。宽度一般为 1.8 米。

网上平养的育雏育成舍的地面和网面。

2. 鸡舍的配套

蛋鸡饲养期可以分为育雏期（0～6 周龄）、育成期（7～18 周龄）和产蛋期（19～72 周龄）。二段制饲养需要配备育雏育成舍和产蛋舍，三段制饲养需要配备育雏舍、育成舍和产蛋舍。各类鸡舍的配套比例不仅影响鸡群周转，也影响鸡舍的利用率（表 3-4、表 3-5）。

表 3-4　二段制鸡舍配套

阶　段	饲养天数	空舍天数	批次周期
育雏育成期	119	16	135
产蛋期	385	20	405

表 3-5　三段制鸡舍配套

阶　段	饲养天数	空舍天数	批次周期
育雏期	42	20	62
育成期	77	16	93
产蛋期	385	18	403

3. 鸡舍内部设计

鸡舍内部要设置走道（包括纵向走道和横向走道）、粪沟、饲料间和值班间等。

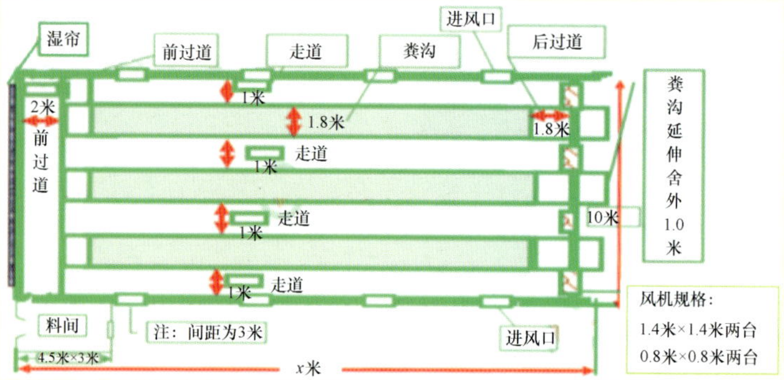

三列四走道阶梯式鸡舍内部布置的平面图

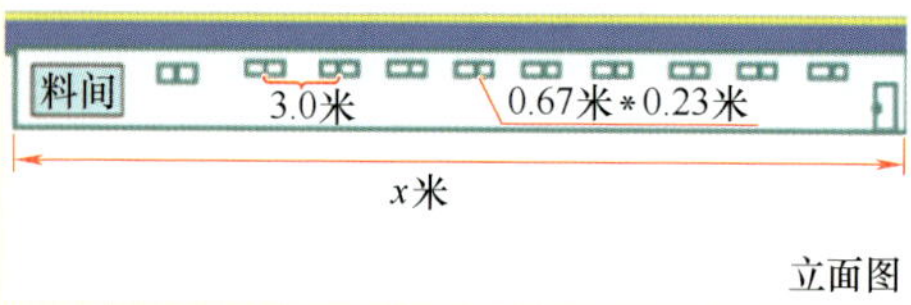

鸡舍的立面图及实景图

三、蛋鸡场设备

1. 鸡笼

笼养蛋鸡比例超过90%，鸡笼是规模化蛋鸡场必备设备。鸡笼是由多个单个鸡笼组装成笼组，然后按照鸡舍面积、饲养密度、机械化程度以及通风采光情况排列成不同的形式。

（1）全阶梯式鸡笼　组装时上下两层笼完全错开，常见的为3～4层。

结构简单，粪便直接落入粪沟内，不需要设置接粪板；通风采光效果好；便于停电或出现机械故障时进行人工操作；饲养密度低，设备投入较多。

（2）半阶梯式鸡笼　上下两层笼体之间有1/4～1/2的部位重叠，下层重叠部分有挡粪板，按一定角度安装，粪便落入粪沟内。

粪便直接落入或经过挡粪板落入粪沟内；饲养密度高（15～17只/米^2），通风采光效果比全阶梯式差。

（3）重叠式鸡笼　鸡笼上下层完全重叠，常见的有3～4层，高的可达8层。舍内环境完全由人工控制。

饲养密度高（3层为16～18只/米^2；4层为18～20只/米^2），鸡舍面积利用率高，生产效果高；对鸡舍建筑、通风设备、清粪设备要求高。不便于下层笼内鸡的观察。

（4）育雏育成笼

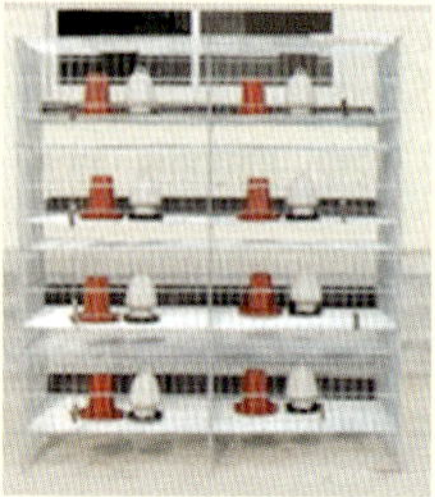

重叠式育雏育成笼

阶梯式育雏育成笼

2. 喂料系统

小型蛋鸡场采用人工喂料，费时费力，效率低，且撒料不匀；随着劳动力成本增加和机械设备制造业发展，蛋鸡场逐渐采用机械自动喂料，喂料均匀，下料量可以调节，有效降低了成本，提高了工作效率。

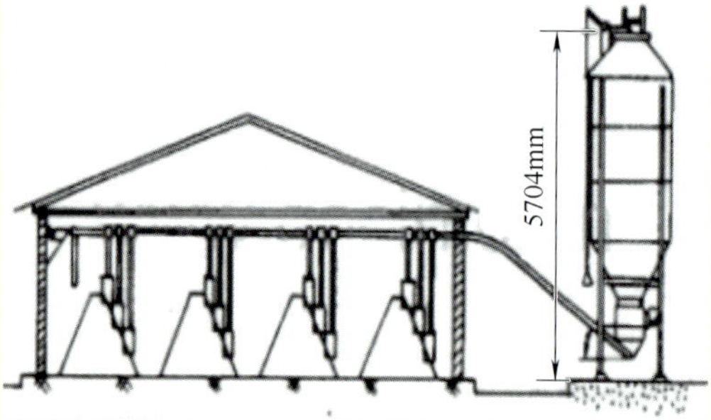

自动喂料系统由饲料塔、绞龙、输料管道、喂料机、饲槽和控制面板构成。

饲料塔。饲料加工间生产的饲料可以经过管道直接输入塔内；外购饲料通过饲料罐车将饲料打入罐内。

行车式喂料机（顶料箱式）。料箱设置在鸡笼顶部，每列笼可以设置1个料箱。料箱底部有绞龙，驱动喂料系统后，绞龙随之转动，将料通过滑管均匀流放到食槽。

行车式喂料机（跨笼料箱式）。每个食槽都有1个矩形料箱，料箱下部呈斜锥形，锥形扁口坐在食槽中，驱动喂料机时，饲料便沿锥面滑落食槽内。

3. 饮水系统

水对蛋鸡十分重要，合理的饮水系统可以满足蛋鸡对水的需要，保证其健康和生产性能的发挥。饮水系统由贮水罐（池）、净水设备、水管、水表和饮水器构成。

（1）贮水设备　根据鸡场规模设置贮水设备。贮水设备以满足鸡场1～2天的需水量为宜。

加压水塔和大型贮水池，大型鸡场常用。

屋顶不锈钢水罐（中小型鸡场常用）；水箱位置高，供水压力大。注：水箱上加防晒罩，避免阳光直射和防止水温过高。否则，整天被暴晒的水进入鸡舍时水温会较高。

（2）净水设备 蛋鸡场使用净水设备，可活化水质，提高水的溶解度，增加水中的溶解氧，抑制水中细菌生长，净化水中杂质，清除有害物质。水质对鸡的健康非常重要，饮用净化后的水，可以增强鸡的抗病力，减少抗生素使用，降低死亡率，提高生产性能。同时，有利于饮水系统的畅通。

鸡场水净化车间和设备

鸡舍内的水净化器

（3）饮水设备 饮水设备主要是饮水器，有壶式饮水器、普拉松式饮水器和乳头式饮水器。

壶式饮水器

普拉松式饮水器

乳头式饮水器

（4）水表

安装水表可以了解鸡的饮水量。一般在每栋鸡舍或每列笼安装1个小的水表。

4. 清粪系统

（1）牵引式清粪机（刮板式清粪机）　主要是为鸡的阶梯式笼养及肉鸡高床式饲养而设计的纵向清粪系统，每台可用于2～3列鸡笼或肉鸡式高床式粪沟，刮板尺寸可按粪沟定做，标准粪沟宽度为180厘米。一般由牵引机、刮粪板、框架、牵引绳、转向滑轮、转动器等组成。常用于阶梯式、半阶梯式笼养或网上育雏育成鸡舍。原理是牵引绳牵引刮粪板，将粪道中的粪便刮向横向粪沟内，刮粪板返回时可以自动抬起。1个粪沟和相邻粪沟内的刮粪板由牵引绳相连，可在1个回路中运转，一个刮粪板正向运行，另一个则逆向运行。

牵引式清粪机

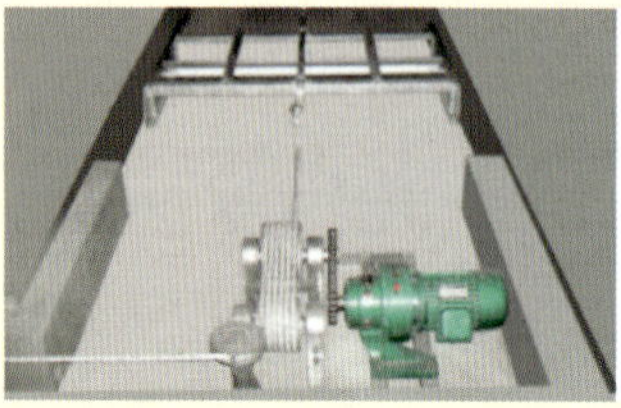

牵引式清粪机内部实景和一端的横向粪沟。

（2）输送带式清粪机　一般由承粪板、转轴、电动机和减速机等组成。常用于重叠式或阶梯式笼养鸡舍。工作原理是：承粪板安装在每层鸡笼的下面，当机器启动时，由电动机、减速器通过链条带动各层的主动轴运转，在主动轴与被动轴的挤压下产生摩擦力，带动承粪板沿笼组长度方向移动，将鸡粪输送到一端，被端部设置的刮粪板刮落。一端可以设置传送带将粪便输送到粪场。输送带式清粪机省时省力，可实现自动定时清粪。

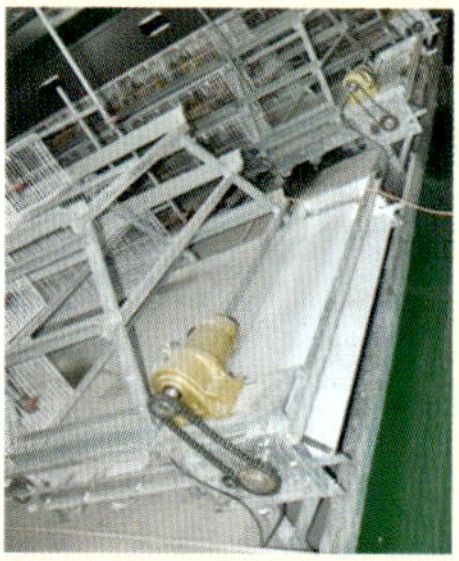

重叠式和阶梯式笼养舍的输送带式清粪机。

现代化鸡场鸡舍内粪便通过传送装置输送到贮粪场（左：舍内传送装置；右：舍外传送装置）。

（3）粪坑式集粪　国外一些规模化鸡场采用深坑储粪（一次清

粪）。鸡笼下方是3米以上的深坑，粪便直接落入粪坑内，等待鸡群淘汰或转群后进行一次性清理，省力省时。由于只有一次清粪，要求鸡舍配备较强的通风设备，以控制鸡舍内有害气体的含量不超标。

5. 温度控制设备

（1）采暖设备　一般采用煤炉、保姆伞、温控锅炉和热风炉等。

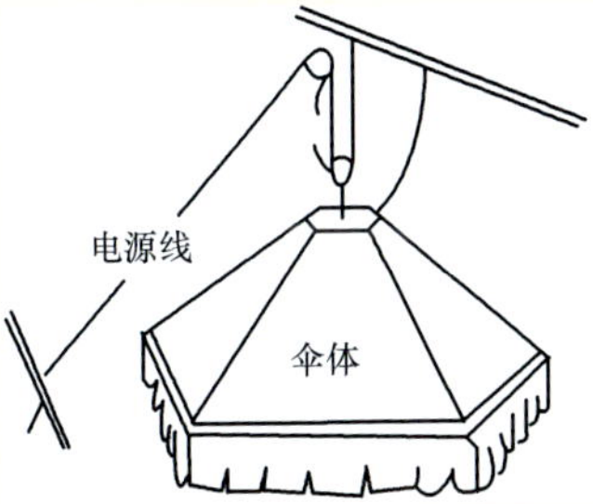

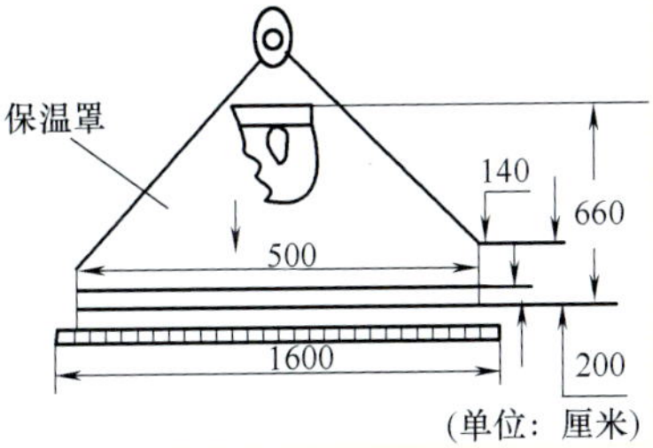

电热保姆伞。适宜于平面饲养育雏。伞内设置热源、控制器、温度计和照明灯等，结构简单、操作方便，保温性能好。

简易煤炉。由火炉和烟管组成，因陋就简，煤炉产热升温。烟管要严密并通向舍外，煤炉加煤后要盖严火盖，防止煤气中毒。

温控锅炉。锅炉燃烧燃料，使热水在舍内循环，通过管道和散热片将热量散失在舍内。可以实现洁净、卫生，温度稳定。

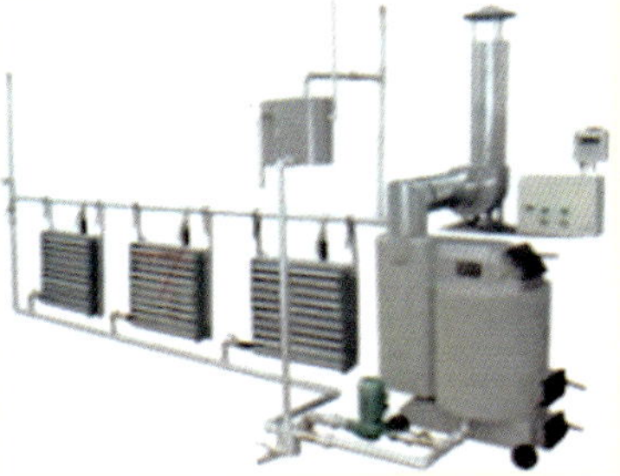

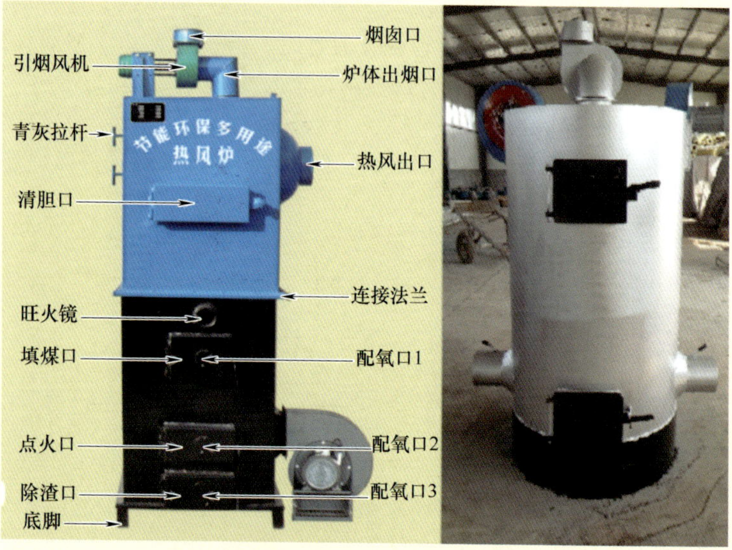

热风炉结构示意图和实景图（立式热风炉）

（2）降温设备　鸡舍降温主要通过加强通风和喷雾、喷水等措施来完成的。湿帘通风降温是目前生产中最为常用的方法。

负压式湿帘降温系统模式图。易于安装和维修；降温效果好，投资少，舍内空气好；舍内湿度高。干热地区最适用。

鸡舍湿帘外观图。鸡舍一端安装湿帘，另一端安装风机，湿帘面积为鸡舍排风口面积的 2 倍。长江以北干燥地区宜选择较厚湿帘，长江以南湿热地区宜选择较薄湿帘。

风机外观图和安装外观图。鸡舍一端安装风机进行排风，形成负压，外界空气通过另一端的湿帘进风口进风，让空气有序流动。排出的是温度高的空气，进入的是温度低的空气，使舍内温度降低。

无动力屋顶风机是利用自然界空气对流原理，将任何平行方向的空气流动加速并转变为由下向上垂直的空气流动，以提高舍内通风换气效果的一种装置。不用电，无噪声，可长期运行（表3-6）。

表3-6 风机参数表

型　号	HRJ-71型	HRJ-90型	HRJ-100型	HRJ-125型	HRJ-140型
风叶直径/mm	710	900	100	125	140
风叶转速/(r/min)	560	560	560	360	360
风量/(m^3/min)	295	445	540	670	925
全压/Pa	55	60	62	55	60
噪声/分贝	≤70	≤70	≤70	≤70	≤70
输入功率/kW	0.55	0.55	0.75	0.75	1.1
额定电压/V	380	380	380	380	380
电动机转速/(r/min)	1350	1350	1350	1350	1350
安装外形尺寸长×宽×厚/mm×mm×mm	810×810×370	1000×1000×370	1100×1100×370	1400×1400×400	1550×1550×400

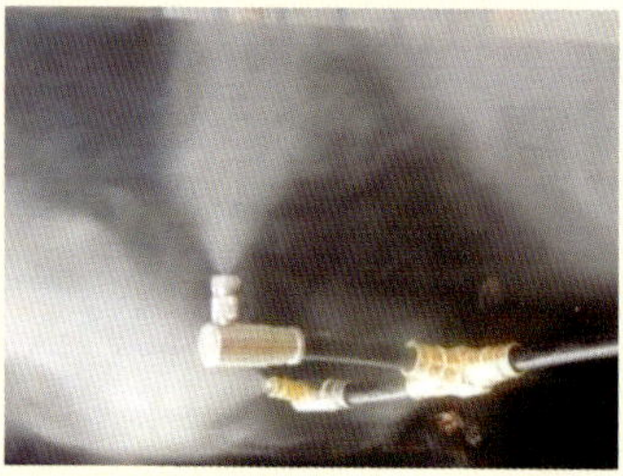

舍内喷雾降温系统。利用水雾吸收舍内热量，降低舍内温度，但舍内湿度会过高。定时喷雾，加大通风量，驱除舍内水汽。

6. 自动集蛋系统

自动集蛋系统包括导入装置、拾蛋装置、导出装置、缓冲装置、输送装置、扣链齿轮及升降链条等。

纵向集蛋设备

输送装置

蛋品处理包装车间

7. 其他设备

（1）清洗消毒设备

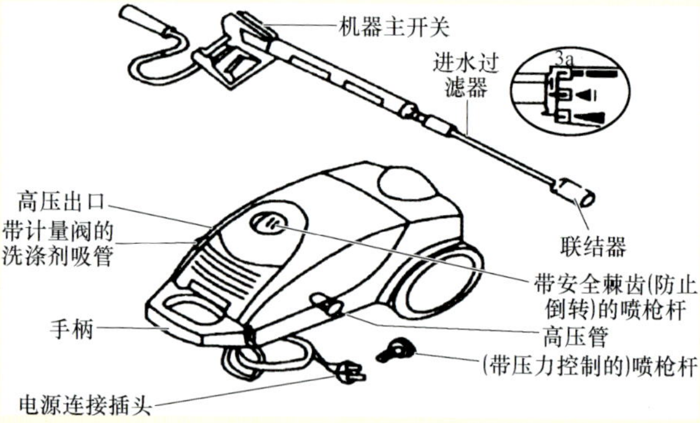

高压清洗机结构示意图

消毒车（左）和喷雾器（右），供鸡场进行喷雾、喷洒等消毒使用。

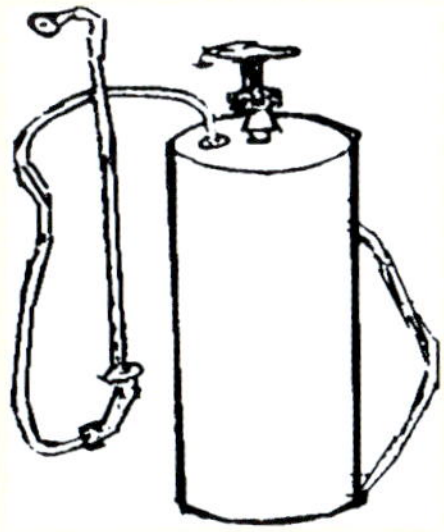

（2）备用发电设备

备用发电机组。鸡场对电力依赖性强，备用发电机组可以在停电时应急供电。

（3）环境自动控制设备

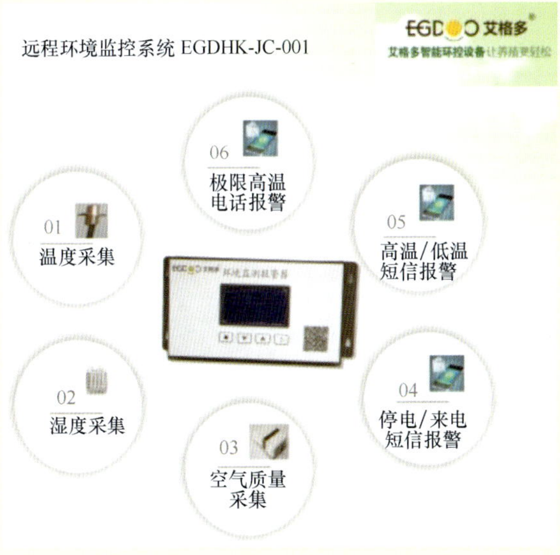

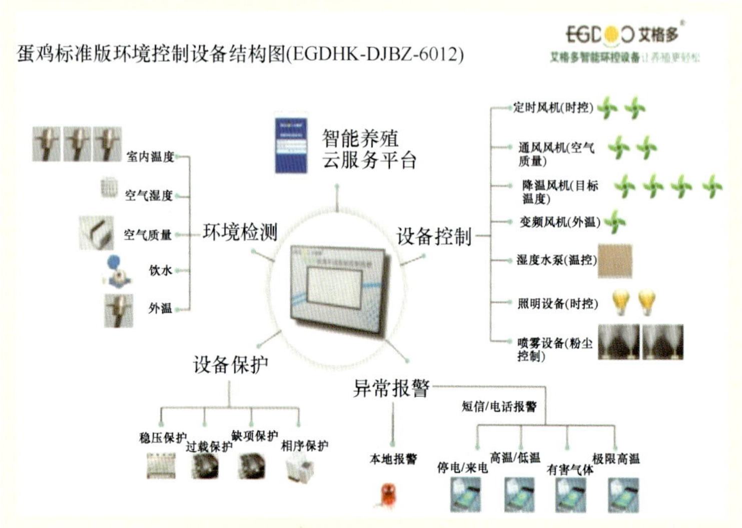

第二节 鸡场环境控制

一、场区环境控制

1. 鸡场隔离卫生

鸡场要有明确的场界，较大的牧场四周要设围墙，场界的墙要求是较高的实心墙；场内的各区间要设小围墙，尤其是病畜管理区。场门或畜舍出入口处要设立车辆及人员进出的消毒设施（消毒池、消毒室）。

鸡场管理区的大门

2. 水源保护

蛋鸡场水源要远离污染源，水源周围 50 米内不得设置储粪场、渗漏厕所。水井设在地势高燥处，防止雨水、污水倒流引起污染。定期检测水质，发现问题及时处理。

3. 废弃物处理

蛋鸡场的废弃物主要有粪便、污水和病死禽。如果处理不善，不仅会对鸡场和周边环境造成严重污染，而且会造成疫病的传播，危害鸡群健康。

（1）粪便处理　蛋鸡场的粪便产出量大，污染物含量高。生产中，应该注重饲料的配制和科学的饲养管理，提高饲料消化吸收率，减少粪便排放量，减轻处理的负担。对排出的粪便要合理利用，变废为宝，减少污染。

1）生产肥料。鸡粪是优质的有机肥，经过堆积腐熟或高温、发酵干燥处理后，体积变小、松软、无臭味，不带病原微生物，常作为果林、蔬菜、瓜类和花卉等经济作物的肥料，也用于无土栽培和生产绿色食品。施用烘干鸡粪的瓜类和番茄等蔬菜，其亩产明显高于混合肥和复合营养液的对照组，且瓜菜中的可溶性固形物糖酸和维生素 C 的含量也有很大的提高。

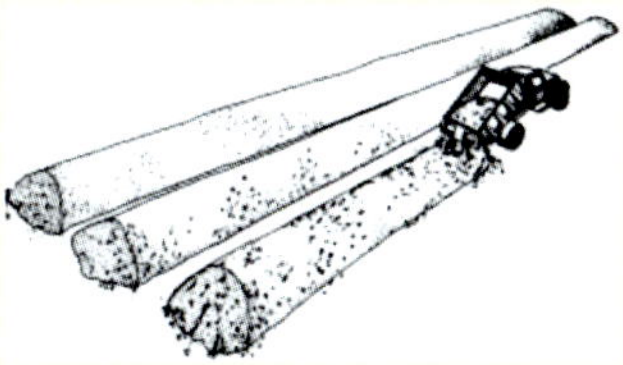

条垛式堆肥发酵处理。方法简单，投资小，可用翻斗车机械操作，也可用人力车人工操作。堆垛上用塑料布覆盖，以减少臭气。

槽式好氧发酵处理。可以处理大批量粪便，搅拌装置容易磨损和腐蚀，投资相对较高，运行费用相对较高。

工厂化堆积发酵和塑料薄膜覆盖发酵处理。可以处理大批量粪便，无须搅拌设备，投资小。

2）生产饲料。鸡粪含有丰富的营养成分，开发利用鸡粪饲料具有非常广阔的应用前景。鸡粪不仅是反刍动物良好的蛋白质补充料，也是单胃动物及鱼类良好的饲料蛋白来源。鸡粪饲料资源化的处理方法有直接饲喂、干燥处理、发酵处理、青贮及膨化制粒等。

鸡粪机械干燥处理。适用于大型鸡场。多以电源加热，温度在70℃时持续12小时、140℃时持续1小时、180℃时持续30分钟即可干燥。产量大，不受季节影响。投资大，耗能高。

自然干燥。不需要设备，成本较低。需要较大的晒场，受外界气候条件影响较大，劳动强度大。

利用各种微生物的活动来分解鸡粪中的有机成分，从而有效提高有机物质的利用率。发酵过程中形成的特殊理化环境可以抑制和杀灭鸡粪中的病原体，同时还可以提高粗蛋白质含量并起到除臭的效果。

青贮发酵。将含水量为60%～70%的鸡粪与一定比例铡碎的玉米秸秆、青草等混合，再加入10%～15%的糠麸或草粉，0.5%的食盐，混匀后装入青贮池或窖内，踏实封严，经30～50天后即可使用青贮发酵后的鸡粪粗蛋白质可达18%，且具有清香气味，适口性较强，是牛羊的理想饲料，可直接饲喂反刍动物。

① 酒糟发酵。在鲜鸡粪中加入适量的糠麸，再加入10%的酒糟和10%的水，搅拌混匀后，装入发酵池或缸中发酵10～12小时，再经100℃蒸汽灭菌后即可利用。发酵后的鸡粪适口性提高，具有酒香味，而且发酵时间短，处理成本低，但处理后的鸡粪不利于长期贮存，应现用现配。

② 糖化处理。在经过去杂、干燥、粉碎后的鸡粪中加入清水，搅拌均匀（加入水量以手握鸡粪呈团状且不滴水为宜），与洗净切碎的青菜或青草充分混合，装缸压紧后，撒上3厘米左右厚的麦麸或米糠，缸口用塑料薄膜覆盖扎紧，用泥封严。夏季放在阴凉处，冬季放在室内，10天后就可糖化。处理后的鸡粪养分含量提高，无异味而且适口性增强。

3）生产沼气。鸡粪是沼气发酵的优质原料之一，尤其是高水分的鸡粪。鸡粪和草或秸秆以（2～3）∶1的比例，在碳氮比为（13～30）∶1，pH为6.8～7.4的条件下，利用微生物进行厌氧发酵，产生可燃性气体。每千克鸡粪产生0.08～0.09米^{3}的可燃性气体，发热值达4187～4605兆焦/米^3。

沼气池处理。发酵后的沼渣可养鱼、养殖蚯蚓、栽培食用菌，生产优质有机肥和改良土壤。

（2）污水处理 鸡场必须专设排水设施，以便及时排除雨、雪水及生产污水。全场排水网分主干和支干。主干主要是配合道路网而设置的路旁排水沟，将全场地面径流和污水汇集到几条主干道内排出；支干主要是鸡舍的污水排水沟，使水排入污水池中。排水沟的宽度和深度可根据地势和排水量而定，沟底、沟壁应夯实，暗沟可用水管或砖砌，如暗沟过长（超过200米），应增设沉淀井，以免污物淤塞，影响排水。但应注意，沉淀井距供水水源应在200米以上，以免造成污染。

鸡场污水池和充氧设备。污水池中的污水经过过滤和消毒处理（每升污水中加入5克漂白粉）后排出。

（3）尸体处理 鸡的尸体能很快分解腐败，散发恶臭，污染环境。特别是传染病病鸡的尸体，其病原微生物会污染大气、水源和土壤，造成疾病的传播与蔓延。因此，必须正确、及时地处理死鸡，坚决不能图一己私利而予以出售。

1）焚烧法。焚烧是一种较完善的方法，但不能利用产品，且成本高，故不常用。但对一些危害人、畜健康极为严重的传染病病畜的尸体，仍有必要采用此法。

病死鸡焚化炉。将病死鸡直接投入焚化炉内烧掉。要烧透，不留残渣。

2）土埋法。此法是利用土壤的自净作用使其无害化。此法虽简单但不理想，因其无害化过程缓慢，某些病原微生物能长期生存，从而污染土壤和地下水，造成二次污染。

采用土埋法时必须遵守卫生要求，即埋尸坑应远离畜舍、放牧地、居民点和水源，地势高燥，死鸡掩埋深度不小于2米，死鸡四周应洒上消毒药剂（烧碱或生石灰），埋尸坑四周最好设栅栏并做上标记。

3）高温法。此法是将死鸡放入特设的高温锅（150℃）内熬煮，达到彻底消毒的目的。鸡场也可用普通大锅，经100℃以上的高温熬煮处理。此法可保留一部分有价值的产品，但要注意熬煮的温度和时间，必须达到消毒的要求。

4）发酵。利用病死鸡尸体处理塔或化尸池进行发酵处理。

利用尸体处理塔或化尸池发酵处理病死鸡。

【注意】 在处理畜尸时，无论采用哪种方法，都必须将病畜的排泄物、各种废弃物等一并进行处理，以免造成环境污染。

4. 灭鼠

鼠是人、畜多种传染病的传播媒介，鼠还盗食饲料和禽蛋，咬死雏禽，咬坏物品，污染饲料和饮水，危害极大，蛋鸡场必须加强灭鼠。

（1）防止鼠类进入建筑物 鼠类多从墙基、天橱、瓦顶等处窜入室内，在设计施工时应注意：墙基最好用水泥制成，碎石和砖砌的墙基应用灰浆抹缝。墙面应平直光滑，防鼠沿粗糙墙面攀登。砌缝不严的空心墙体，易使鼠隐匿营巢，因此要填补抹平。为防止鼠类爬上屋顶，可将墙角处做成圆弧形。墙体上部与天棚衔接处应砌实，不留空隙。瓦顶房屋应缩小瓦缝和瓦、椽间的空隙并填实。用砖、石铺设的地面和畜床，应衔接紧密并用水泥灰浆填缝。各种管道周围要用水泥填平。通气孔、地脚窗、排水沟（粪尿沟）出口均应安装孔径小于1厘米的铁丝网，以防鼠窜入。

鸡舍周围设置防鼠带，防止老鼠打洞进入舍内。防鼠带深25～30厘米，宽15～20厘米。带内放置小滑石或碎石子。

鸡舍周围留有2米以上的空旷地带，可以减少鼠类进入鸡舍。

(2) 化学灭鼠　化学灭鼠效率高、使用方便、成本低、见效快，缺点是可能引起人、畜中毒，有些鼠对药剂有选择性、拒食性和耐药性。所以，使用时必须选好药剂和注意使用方法，以保安全有效。鸡场的鼠类以孵化室、饲料库、鸡舍最多，是灭鼠的重点场所。饲料库可用熏蒸剂毒杀。投放毒饵时，机械化养禽场，因实行笼养，只要防止毒饵混入饲料中即可。在采用全进全出制的生产程序时，可结合舍内消毒时一并进行。常见灭鼠药物见表3-7。

表3-7　常用的慢性灭鼠药

商品名称	常用配制方法及浓度	安全性
特杀鼠2号（复方灭鼠剂）	0.05%～1%浓度，用浸渍法、混合法配制毒饵，也可配制毒水使用	安全，有特效解毒剂
特杀鼠3号	0.005%～0.01%浓度，配制方法同上	同上
敌鼠（二苯杀鼠酮、双苯杀鼠酮）	0.05%～0.3%浓度，用黏附法配制毒饵	安全，对猫、狗有危险，有特效解毒剂
敌鼠钠盐	0.05%～0.3%浓度，配制毒水使用	同上
杀鼠灵（灭鼠灵）	0.025%～0.05%浓度，用黏附法、混合法配制毒饵	猫、狗和猪敏感，有特效解毒药
杀鼠迷（香豆素、立克命、萘满）	0.0375%～0.075%浓度，用黏附法、混合法和浸泡法配制毒饵	安全，有特效解毒剂

（续）

商品名称	常用配制方法及浓度	安全性
氯敌鼠（氯鼠酮）	0.005%～0.025%浓度，用黏附法、混合法和浸泡法配制毒饵	安全，狗较敏感，有特效解毒剂
大隆（沙鼠隆）	0.001%～0.005%浓度，用浸泡法配制毒饵	不太安全，有特效解毒剂
溴敌隆（乐万通）	0.005%～0.01%浓度，用黏附法、混合法配制毒饵	兔、猪、狗、猫、家禽等注意安全，有特效解毒剂

1）药物配制。配制0.2%的敌鼠钠盐稻谷毒饵。敌鼠钠盐、稻谷和沸水的重量比为0.2∶100∶25。先将敌鼠钠盐溶于沸水中，趁热将药液倾入稻中，拌匀，并经常搅拌，待吸干药液，即可布放。如暂不用，要晒干保存。如果配制麦粒饵或大米饵，敌鼠钠盐与沸水量减半。

2）布放方法。鸡舍外，可放在运动场、护泥石墙、土坡、草丛、杂物堆、鼠洞旁，鼠路上以及鼠只进出鸡舍的孔道上；鸡舍内，则放在食槽下、走道旁、水渠边、墙脚、墙角及天花板上鼠类经常行走的地方。另外，在生活区、办公室和附属设施、饲料仓库，邻近鸡场500米范围内的农田、竹林、荒地和居民点等都要同时进行灭鼠，防止鼠类漏网。一般每隔2～3米放1堆，每堆50克左右。最好是1次投足3天的食量。鼠尸应及时清理，以防被人、畜误食而发生二次中毒。选用鼠长期吃惯了的食物作为饵料，突然投放，饵料充足，分布广泛，可保证灭鼠的效果。

5. 灭昆虫

（1）环境卫生 搞好鸡场环境卫生，保持环境清洁、干燥，是杀灭蚊蝇的基本措施。蚊虫需在水中产卵、孵化和发育，蝇蛆也需在潮湿的环境及粪便等废弃物中生长。因此应填平无用的污水池、土坑、水沟和洼地。保持排水系统畅通，对阴沟、沟渠等定期疏通，勿使污水储积。对贮水池等容器加盖，以防蚊蝇飞入产卵。对不能清除或加盖的防火贮水器，在蚊蝇滋生季节，应定期换水。永久性水体（如鱼塘、池塘等）周边，蚊虫多滋生在水浅而有植被的边缘区域，修整边岸，加大坡度和填充浅湾，能有效地防止蚊虫滋生。畜舍内的粪便应定时清除，并及时处理，贮粪池应加盖并保持四周环境的清洁。

（2）化学杀灭　化学杀灭是使用天然或合成的毒物，以不同的剂型（粉剂、乳剂、油剂、水悬剂、颗粒剂、缓释剂等），通过不同途径（胃毒、触杀、熏杀、内吸等），毒杀或驱逐蚊蝇。化学杀虫法具有使用方便、见效快等优点，是当前杀灭蚊蝇的较好方法。

马拉硫磷。为有机磷杀虫剂。它是世界卫生组织推荐使用的室内滞留喷洒杀虫剂，其杀虫作用强而快，具有胃毒、触毒作用，也可熏杀，杀虫范围广，可杀灭蚊、蝇、蛆、虱等，对人、畜的毒害小，故适于畜舍内使用。

合成菊酯类。是一种神经毒药剂，可使蚊蝇等迅速呈现神经麻痹而死亡。杀虫力强，特别是对蚊的毒效比敌敌畏、马拉硫磷等高10倍以上，对蝇类，因不产生抗药性，故可长期使用。

6. 环境消毒

消毒可以预防和阻止疫病发生、传播和蔓延。鸡场环境消毒是卫生防疫工作的重要组成部分。随着养鸡业集约化经营的发展，消毒对预防疫病的发生和蔓延具有更重要的意义。

二、鸡舍环境控制

鸡舍环境因素有空气温度、湿度、气流、光照、有害气体、微粒、微生物、噪声等。在科学合理的设计和建筑鸡舍、配备必需设备设施以及保证良好的场区环境的基础上，加强对鸡舍环境管理来保证舍内温度、湿度、气流、光照和空气中有害气体和微粒、微生物、噪声等条件适宜，保证鸡舍良好的小气候，为鸡群的健康和生产性能的发挥创造条件（表3-8）。

表3-8　各类鸡舍主要环境参数

	温度/℃	相对湿度（%）	噪声允许强度/分贝	尘埃允许量/（毫克/米³）	有害气（%）		
					NH_3	H_2S	CO_2
成年笼养鸡	18～20	60～70	90	2～5	0.02	0.02	0.2
成年平养鸡	12～16	60～70	90	2～5	0.02	0.02	0.2
笼养雏鸡	20～31	60～70	90	2～5	0.02	0.02	0.2
平养雏鸡	24～31	60～70	90	2～5	0.02	0.02	0.2
笼养育成鸡	14～20	60～70	90	2～5	0.02	0.02	0.2
平养育成鸡	14～18	60～70	90	2～5	0.02	0.02	0.2

1. 舍内温度控制

温度是主要环境因素之一，舍内温度过高或过低都会影响鸡体的健康和生产性能的发挥。

（1）加强鸡舍的保温隔热设计　鸡舍的保温隔热性能直接影响鸡舍内小气候环境的维持，加强鸡舍的保温隔热（主要是屋顶和墙体）也是最经济的措施。一要选择导热系数小的材料；二要有合理的结构，三要达到一定的厚度，这样才能保证达到最低的热阻值。

夹层屋顶。夹层中间填充一定厚度的聚乙烯薄膜塑料或泥巴等隔热材料。屋顶的保温隔热性能良好。

间层通风屋顶。间层通风屋顶有利于夏季防暑降温（舍内、舍外的热量进入间层，通过气流流动将热量带到大气中去）。要有适宜的间层厚度，坡式屋顶间层厚12~20厘米，平时屋顶间层厚20厘米。冬季将间层开露部分封闭，形成一个空气间层的屋顶，可大大增加屋顶保温性能。

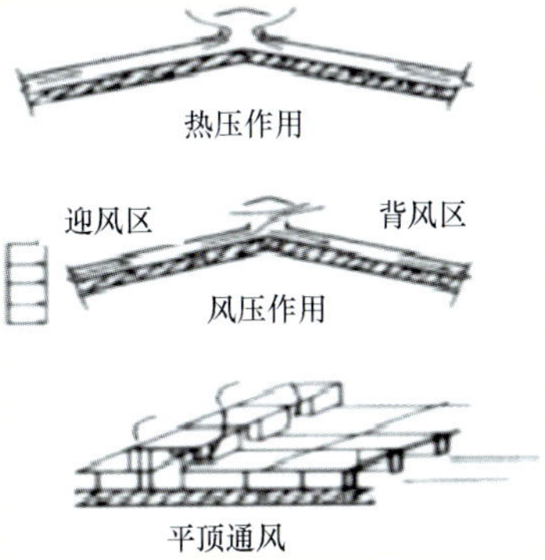

保温墙。在墙体上粘贴一层聚乙烯泡沫塑料保温层，可大大增强墙体的保温性能。适用于北方寒冷地区和雏鸡舍。

雏鸡舍采用37墙体（墙体厚37厘米）或24墙体加5厘米厚的保温层。

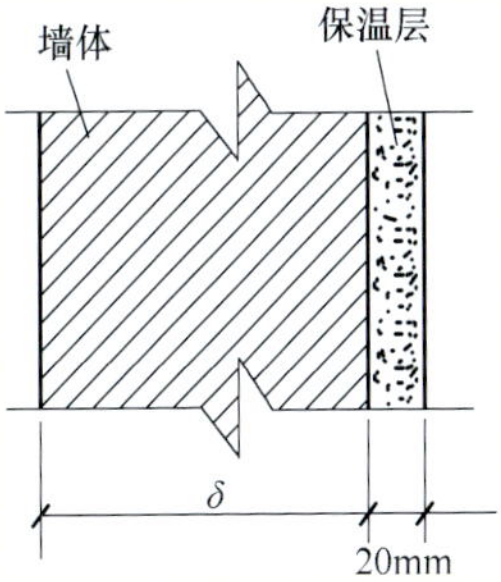

（2）夏季防暑降温 鸡体缺乏汗腺，对热较为敏感，易发生热应激，影响生产，甚至引起死亡。如蛋鸡产蛋最适宜温度范围是18~23℃，高于30℃时，产蛋量会明显下降，蛋壳质量变差，高于38℃以上时就可能由于热应激而引起死亡。因此需注重防暑降温。

1）通风降温。鸡舍内安装必要、有效的通风设备，定期对设备进行维修和保养，使设备正常运转，提高鸡舍的空气对流速度，有利于缓解热应激。

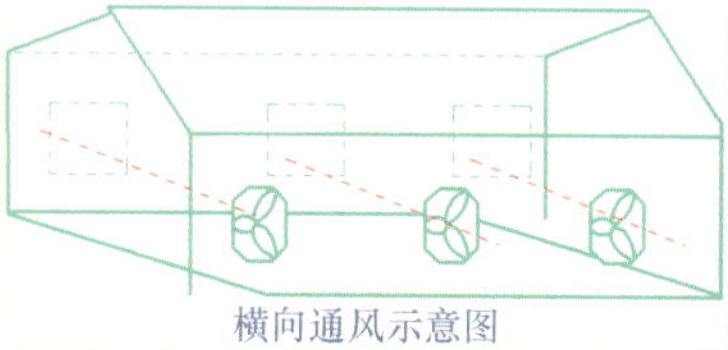

封闭舍或容易封闭的开放舍，可采用负压通风。

进风口安装水帘（湿帘）。另一端墙安装风机。

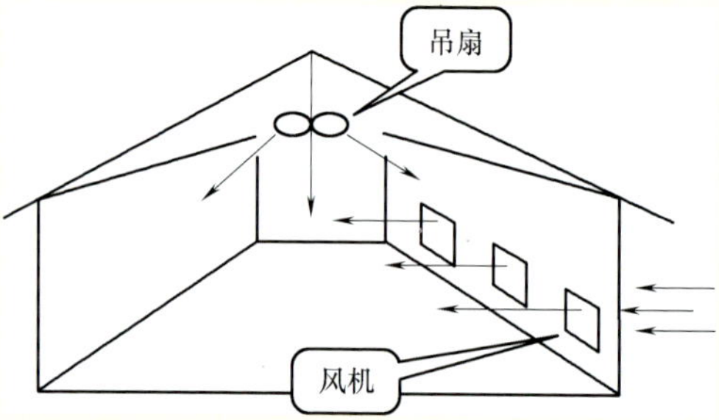

不能封闭的鸡舍，可采用正压通风，即送风，在一侧墙上或每列鸡笼下设置高效率风机向舍内送风，加大舍内空气流动，有利于减少死亡率。

2）喷水降温。

在鸡舍内安装喷雾装置，定期进行喷雾，水汽的蒸发可吸收鸡舍内大量热量，降低舍内温度。

鸡舍屋顶外安装喷淋装置，使水从屋顶流下，形成湿润凉爽的小气候环境。

【注意】 舍温过高时，可向鸡头、鸡冠、鸡身进行喷淋，促进体热散发，减少热应激死亡。喷水降温时一定要加大通风换气量，防止舍内湿度过高。

3）隔热降温。在鸡舍屋顶铺盖15～20厘米厚的稻草、秸秆等垫草，可降低舍内温度3～5℃；屋顶涂白可增强屋顶的反射能力，有利于加强屋顶隔热。

在鸡舍周围种植高大的乔木，形成阴凉，或在鸡舍南侧、西侧种植爬壁植物，搭建遮阳棚，减少太阳的热辐射。

屋顶上设置太阳能板，既起到隔热保温作用，又可以发电。

4）降低饲养密度。饲养密度降低，单位空间产热量减少，有利于舍内温度降低。夏季到来之前，淘汰停产鸡、低产鸡、伤残鸡、弱鸡、有严重恶癖的劣质鸡和体重过大过于肥胖的鸡，留下身体健康、生产性能好、体重适宜的鸡，这样既可降低饲养密度，减少死亡，又可降低生产成本。

（3）冬季防寒保温 一般来说，成鸡怕热不怕冷，环境温度在7.8～30℃的范围内变化，鸡自身可通过各种途径来调节其体温，对生产性能无显著影响，但温度较低时会增加饲料消耗，所以冬季要采取防寒保暖措施，使舍内温度维持在10℃以上。

1）减少鸡舍散热量。冬季鸡舍内外温差大，鸡舍内热量易散失，散失的多少与鸡舍墙壁和屋顶的保温性有关，加强鸡舍保温管理有利于减少舍内热量散失，保持舍内温度稳定。密闭舍应在保证舍内空气新鲜的前提下尽量减少通风量。

冬季开放舍要用隔热材料如塑料布封闭敞开部分，北墙窗户可用双层塑料布封严。鸡舍所有的门最好挂上棉帘或草帘。墙壁特别是北墙窗户晚上挂上棉帘或草帘可增强屋顶和墙壁的保温性能，可提高舍温3～5℃。

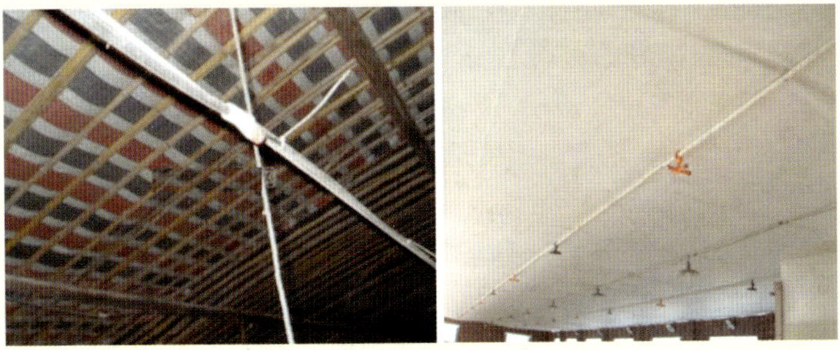

屋顶可用彩条布或塑料薄膜制作简易天花板，有利于舍内保温。

2）防止冷风吹袭机体。舍内冷风可以来自墙、门、窗等缝隙和进出气口、粪沟的出粪口，局部风速可达4～5米/秒，使局部温度下降，影响鸡的生产性能，冷风直吹机体，增加机体散热，甚至引起伤风感冒。冬季到来前要检修好鸡舍，堵塞缝隙，进出气口加设挡板，出粪口安装插板，防止冷风对鸡体的侵袭。

3）防止鸡体淋湿。鸡的羽毛有较好的保温性，如果被淋湿，保温性就会降低，极大增加鸡体散热，降低鸡的抗寒能力。要经常检修饮水系统，避免水管、饮水器或水槽漏水而淋湿鸡的羽毛和料槽中的饲料。

4）采暖保温。对保温性能差的鸡舍，鸡群数量又少，光靠鸡群自温难以维持所需舍温时，应采暖保温。有条件的鸡场可利用煤炉、热风机、热水、热气等设备供暖，保持适宜的舍温，提高产蛋率，减少饲料消耗。

2. 舍内湿度控制

湿度指空气的潮湿程度，养鸡生产中常用相对湿度表示。相对湿度是空气中实际水汽压与饱和水汽压的百分比。

（1）湿度低时

1）散水喷水。在舍内地面洒水或用喷雾器向地面和墙壁上喷水，水的蒸发可以提高舍内湿度。如果雏鸡舍或舍内温度过低，可以喷洒热水。

2）供暖炉上放置水壶。育雏期间要提高舍内湿度，可以在加温的火炉上放置水壶或水锅，使水蒸发，提高舍内湿度，可以避免喷洒凉水引起的舍内温度降低或雏鸡受凉感冒。

（2）湿度高时

1）加大换气量。通过通风换气，驱除舍内多余的水汽，换进较为干燥的新鲜空气。舍内温度低时，要适当提高舍内温度，避免通风换气引起舍内温度下降。

2）提高舍内温度。舍内空气水汽含量不变，提高舍内温度可以增大饱和水汽压，降低舍内相对湿度。特别是冬季或雏鸡舍，加大通风换气量对舍内温度影响大，可提高舍内温度。

（3）舍内防潮措施 鸡较喜欢干燥的环境。潮湿的空气环境与高温协同作用，容易对鸡产生不良影响。所以应该保持鸡舍干燥。保持鸡舍干燥需要做好鸡舍防潮工作，除了选择地势高燥、排水好的场地外，可采取如下措施。

1）鸡舍墙基设置防潮层，新建鸡舍待干燥后使用，特别是育雏舍。有的刚建好的育雏舍就立即投入使用，由于育雏舍密封严密，舍内温度高，潮湿的外围护结构中大量的水分很容易蒸发出来，使舍内相对湿度一直处于较高的水平。晚上温度低的情况下，大量的水汽变成水在天棚和墙壁上附着，舍内的热量容易散失。

2）舍内排水系统畅通，粪尿、污水及时清理。

3）尽量减少舍内用水。舍内用水量大，舍内湿度容易提高。防止饮水设备漏水，能够在舍外洗刷的用具可以在舍外洗刷或将洗刷后的污水立即排到舍外，不要在舍内随处抛洒。

4）保持舍内较高的温度，使舍内温度经常处于露点以上。

5）使用垫草或防潮剂，及时更换污浊潮湿的垫草。

3. 气流

气流对鸡体的影响，主要出现在寒冷和炎热的极端环境中。鸡舍寒冷，温度低，增加气流速度能增加鸡体散热，冷应激更严重；冷风直吹鸡体，使鸡伤风着凉。特别是“贼风”，危害更大。鸡舍温度高，如果舍内气流不均匀，存在死角，部分鸡只（特别是笼养情况下）会遭受更严重的热应激。高温环境中加大气流速度可增加鸡的采食量，缓解热应激，提高生产性能。

密闭鸡舍中，通过合理安装风机和设计进气口，以保证舍内适宜的气流速度和气流均匀。开放鸡舍中，除夏季需要安装风机加大气流速度、缓解热应激外，一般可以通过自然通风换气系统的设计和利用来保证适宜的空气流动。

4. 光照

阳光照射可促进雏禽采食、饮水，增加运动，促进肌肉、骨骼的发育，从而提高鸡体新陈代谢，使红细胞与血红素含量有所增加，使皮肤中的 7-脱氢胆固醇转化为维生素 D_3，促进体内钙、磷的代谢。光照还可促进卵巢、卵泡发育和性成熟，增加产蛋量。此外，阳光中的紫外线还可杀菌消毒，使鸡舍干燥，提高舍温，有助于预防疾病。

光照时间与蛋鸡达到性成熟时间密切相关。育成期光照时间如果过短，性成熟时间推迟，过长则性成熟提前。早熟蛋鸡开产早但产蛋持续期短。产蛋高峰期突然缩短光照时间，会使产蛋率降低、死亡率增加，即使恢复原来的光照，产蛋率也很难在短期内恢复到原来水平；过强光照会使鸡烦躁不安，造成啄肛、脱肛和神经质。光照强度突然增强，可使蛋壳质量下降，破壳蛋、软壳蛋、双黄蛋、无黄蛋等增加，死亡率提高。但光线过弱，雏鸡采食量降低，饮水减少，也会影响雏鸡的生长。

鸡可见到 400 ~ 700 纳米的光，对红、橙、黄光尤为敏感。黄光使饲料报酬降低，性成熟推迟，蛋重增加，产蛋量减少，啄癖增加。绿光和蓝光可促进性成熟，使鸡增重快。目前，一般鸡舍多以白光为主，有的鸡舍采用红光。许多鸡采用红色光照，可使鸡更加安定，啄羽和争斗现象较少，生长快，饲料消耗减少，产蛋量和蛋质量均有提高。光照广泛应用于养鸡生产，科学地制定光照程序是光照控制的基础，不同阶段蛋鸡需要不同的光照制度。

（1）自然光照　开放舍在白天可以透过窗户利用自然光照。窗户不仅关系到采光，也关系到通风和保温隔热。窗户设置要均匀，以满足鸡舍采光要求。

（2）人工照明　密闭舍和开放舍需要人工照明，通过安装不同类型的光源来达到光照目的。

为了保证光线均匀，鸡舍内光源要均匀布置。笼养鸡舍每条走道上方布置1列光源，光源距走道的高度为2~2.5米，光源间距为高度的2倍。

重叠式笼养，光源要高低错落布置，避免因上层笼遮光而影响下层的光照。

通常灯高为2米、灯距为3米左右，每0.37 $米^2$ 鸡舍1瓦的光源或每平方米鸡舍2.7瓦的光源，可获得相当于10.76勒克斯的照度。多层笼养鸡舍为使底层有足够的照度，一般为3.3~3.5 瓦/$米^2$。

【注意】 一是光照强度适宜；二是光照制度要稳定；三是保持光照系统的清洁卫生。

5. 有害气体

鸡舍内鸡群密集，呼吸、排泄物和生产过程的有机物分解，有害气体成分要比舍外空气成分复杂和含量高。鸡舍中的有害气体主要有氨气、硫化氢、二氧化碳、一氧化碳和甲烷。在规模养鸡生产中，这些气体会污染鸡舍环境，引起鸡群发病或生产性能下降，降低养鸡生产效益。消除鸡舍有害气体除了要加强场址选择和合理布局，避免工业废气和其他场污染外，还可以采取如下措施。

（1）合理设计鸡场和鸡舍的排水系统、粪尿、污水处理设施 粪便及污水要及时进行无害化处理，不要乱堆乱排。

（2）加强防潮管理，保持舍内干燥 氨、硫化氢等有害气体易溶于水，舍内湿度大时，有害气体与水一起被吸附于外围护结构中，舍内温度升高时又挥发出来，使舍内有害气体一直处于较高水平。

（3）加强鸡舍管理

1）舍内地面上铺垫料。地面饲养，可以使用刨花、玉米芯、稻草等垫草。

2）保证适量的通风。特别是冬季，舍外气温低，为了保证舍内温度，鸡舍密封严密，粪便清理间隔时间长，舍内有害气体含量容易过高。所以要处理好保温和通风的关系，进行适量的通风，驱除舍内有害气体，保证舍内空气新鲜。

3）做好鸡场和鸡舍卫生工作，及时清理鸡舍的污物和杂物，及时清粪。

（4）加强环境绿化 绿化不仅可以美化环境，而且可以净化环境。绿色植物可进行光合作用。每公顷阔叶林在生长季节每天可吸收1000千克二氧化碳，产出730千克氧气；绿色植物可大量吸附氨，如玉米、大豆、棉花、向日葵及一些花草都可从大气中吸收氨而生长；绿色林带可以过滤阻隔有害气体。有害气体通过绿色地带时至少有25%被阻留，煤烟中的二氧化硫可被阻留60%。

（5）使用添加剂消除 使用过磷酸钙、锰酸钾、硫酸亚铁、硫酸铜、乙酸、丝兰属植物提取物（其有效成分是抑制脲酶微量辅助剂）、沸石等硅酸盐矿石等添加剂消除。

（6）提高饲料消化吸收率 科学选择饲料原料；合理配制日粮。按可利用氨基酸需要配制日粮；科学饲喂；利用酶制剂、酸制剂、微生态制剂、寡聚糖、中草药添加剂。

6. 微粒和微生物

微粒和微生物含量过高，也会引起呼吸道病和传染病的发生。

1）改善畜舍和牧场周围地面状况，实行全面绿化，种树、种草和农作物等。植物表面粗糙不平，多绒毛，有些植物还能分泌油脂或黏液，能阻留和吸附空气中的大量微粒。含微粒的大气流通过林带，风速降低，大径微粒下沉，小的微粒被吸附。夏季可吸附35.2%～66.5%的微粒。微生物大部分附着在微粒上，微粒含量降低，微生物数量减少。

2）饲料加工应远离畜禽舍，分发饲料和饲喂动作要轻。

3）保持畜床地面干净；禁止在舍内刷拭家畜，更换和翻动垫草时也应注意。

4）保持通风换气，必要时安装过滤器

5）保持适宜的湿度。湿度过低，容易引起微粒漂浮。

6）改进饲养工艺。饲养方式与密度对空气中微生物数量有重要影响，如垫草平养鸡舍内细菌数量比网上饲养高15～20倍。饲养密度越大，空气中的微生物数量越大。

7. 噪声

物体呈不规则、无周期性震动所发出的声音叫噪声。从生理角度讲，凡是令人讨厌的、烦躁的声音都叫噪声。噪声对鸡体健康也有影响。特别是比较强的噪声作用于鸡体时，会引起严重的应激反应，不仅能影响生产，而且会使正常的生理功能失调，免疫力和抵抗力下降，危害健康，甚至导致死亡。有多起因鞭炮声、飞机声致鸡死亡的报道。

消除或减弱噪声危害的措施有：场址远离噪声源，如工矿企业、交通干道、加工场等；加强绿化；选择噪声小的设备。

第四章 蛋鸡的饲养管理

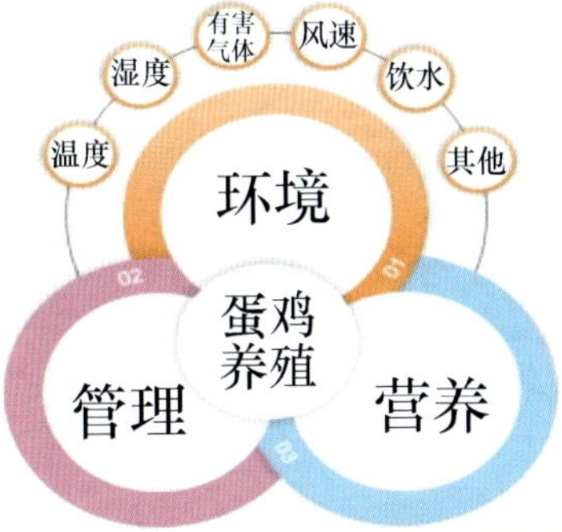

蛋鸡养殖要维持高产稳产，除了选择优良品种、培育优质新母鸡，提供适宜的环境和充足的营养外，还要加强管理。

第一节 雏鸡的饲养管理

过去一般是按周龄将鸡的培育过程（出壳～20周龄）分为育雏期和育成期两个阶段，即0～6周龄为育雏期，7～20周龄为育成期。现在普遍按体重划分，即体重达标的周龄是分界线，雏鸡体重达标后就可进入育成期。雏鸡的饲养管理是十分重要的工作，关系着将来成年鸡的质量和产蛋性能。雏鸡体小质弱，适应能力和抗病能力差，要养好雏鸡，必须做到精心、细心和耐心。

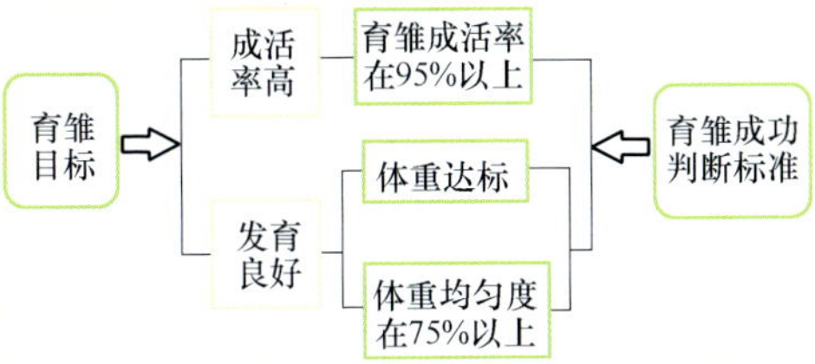

一、雏鸡的生理特点

1. 体温调节机能差

雏鸡体温调节机能不健全，没有羽毛，防寒能力差，育雏期需要人工给予适宜的环境温度。随着日龄、体重的增加，以及羽毛的长出和脱换，就可以适应外界环境温度的变化了。

刚出壳的雏鸡体温比成年鸡体温低2～3℃，4日龄才开始慢慢地上升，到10日龄才能达到成年鸡体温，到21日龄，体温调节机能逐渐趋于完善。幼雏只有稀短的绒毛，没有羽毛，保温隔热能力很差，难以适应外界环境温度的变化。

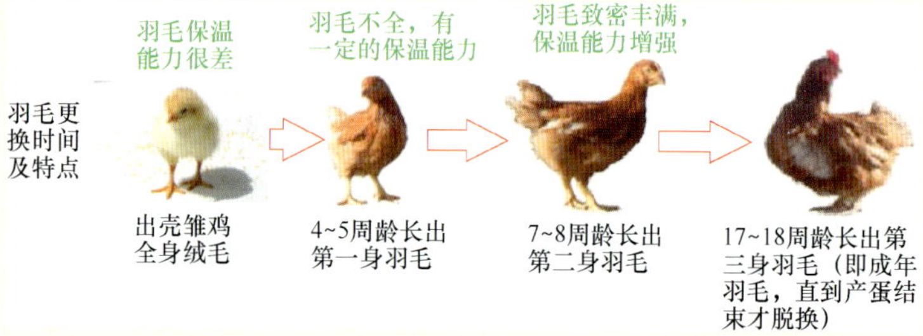

2. 生长发育迅速

雏鸡生长发育迅速，代谢旺盛。日粮中的营养物质含量必须全面、充足和平衡。

3. 消化机能尚未健全

雏鸡代谢旺盛、生长发育快，但是消化器官容积小、消化功能差。雏鸡日粮不仅要求营养浓度高，而且要求易于消化吸收。选择容易消化的饲料配制日粮，对棉籽粕、菜籽粕等一些非动物性蛋白饲料，要适当控制添加比例。饲喂时要注意少喂勤添。

4. 抵抗力差

雏鸡体小质弱，对疾病抵抗力很弱，易感染疾病，如鸡白痢、大肠杆菌病、法氏囊病、球虫病、慢性呼吸道病等。育雏阶段要严格控制环境卫生，切实做好防疫隔离；雏鸡胆小怕惊吓，雏鸡舍和运动场上应增加防护设备，以防鼠、蛇、猫、狗、老鹰等的袭击和侵害。同时，要保持生活环境安静，避免有噪声或突然受到惊吓。

二、育雏前的准备

1. 育雏舍的准备

育雏舍要求保温隔热，地面硬化，高度一般为 2.5 ~ 2.8 米，专用育雏舍的窗户面积可以小一些。

育雏育成舍，设置窗户既要考虑育雏期保温，还要考虑育成期通风。窗户面积可以大一些，但要能够封闭保温。高度可以高一些，要有天棚。

育雏方式不同、鸡的种类不同，需要的育雏舍面积也不相同，育雏舍面积应根据育雏方式、种类和数量来确定。

2. 育雏舍的清洁消毒

将舍内的鸡粪、垫料及顶棚上的蜘蛛网、尘土等清扫出鸡舍，再进行检查维修，使鸡舍和设备处于正常使用状态；按顺序消毒鸡舍和设备：冲洗—干燥—药物消毒—熏蒸消毒—空置 3 周—进鸡前 3 天通风，排出甲醛气体。

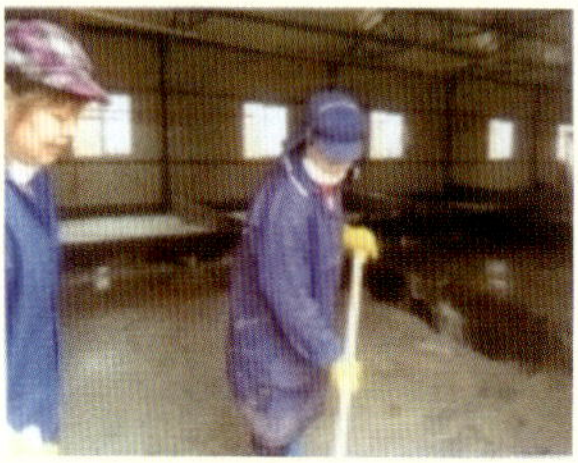
清除

冲洗

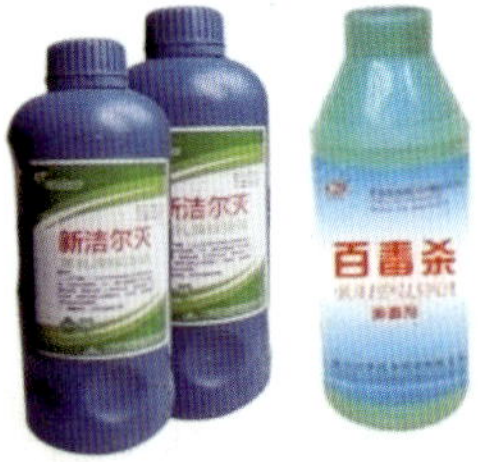

药物消毒

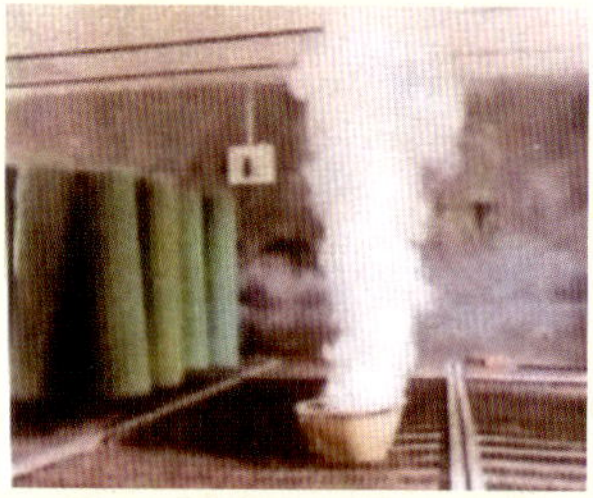
熏蒸消毒

3. 用具和药品准备

（1）饲喂饮水用具　饲喂用具有开食盘、料桶，有的使用长形的料槽（每只雏鸡占用 5 厘米的长度）。饮水用具有饮水器。

雏鸡前 5 天使用方形或圆形的开食盘，开食盘有 1 厘米高的边缘，规格 45 厘米 ×45 厘米的开食盘（圆盘直径为 45 厘米左右）可以满足 100 只雏鸡的需要。

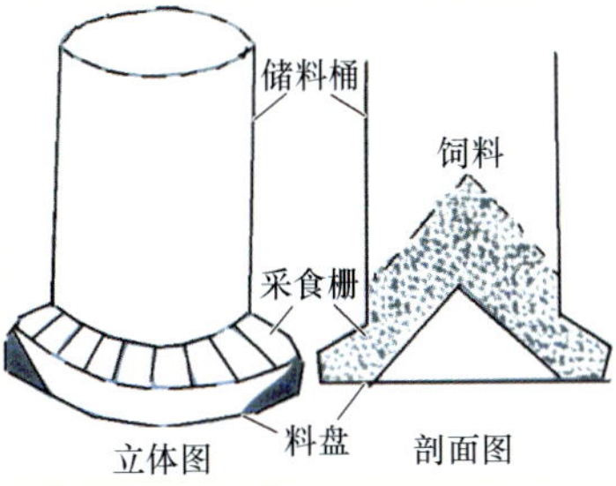

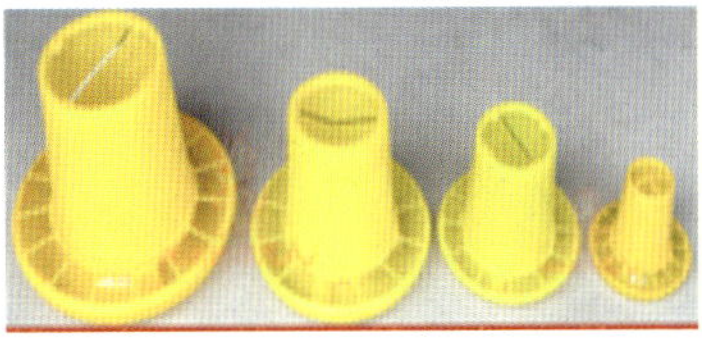

5天以后雏鸡可以使用料桶或料槽。料桶由底盘和圆桶组成。料桶有大小型号，根据不同的育雏阶段可以选用。

壶式

普拉松式

乳头式

饮水器有壶式、普拉松式和乳头式。2.5升的壶式饮水器可供50只雏鸡饮水；5升的普拉松（可与自来水相连接）式饮水器可供100只雏鸡饮水。每5~8只鸡可用1个乳头式饮水器。开饮时最好使用壶式或普拉松式饮水器，使雏鸡尽快学会饮水。

（2）防疫、消毒和断喙用具　防疫用具有滴管、连续注射器、气雾机等；消毒用具有喷雾器；断喙用具有自动断喙器。

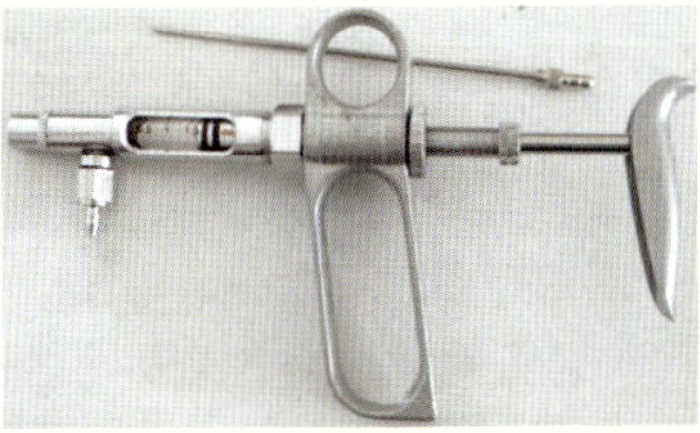

连续注射器

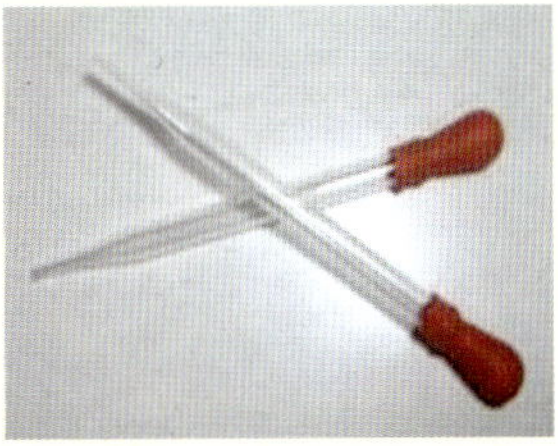

滴管

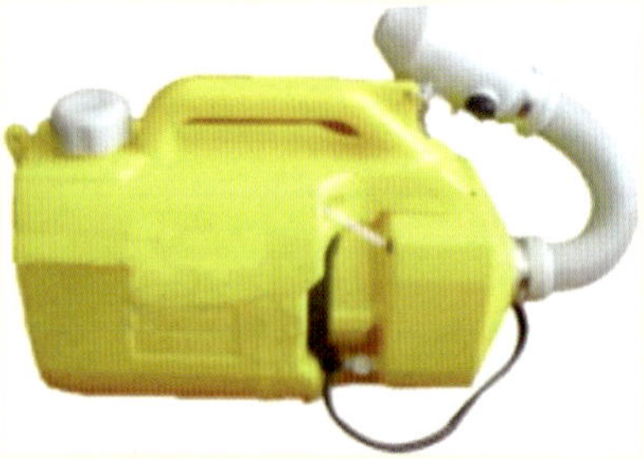
气雾免疫机

自动断喙器

（3）药品 药品包括疫苗等生物制品，防治白痢、球虫的药物（如球痢灵、杜球、三字球虫粉等），抗应激剂（如维生素 C、速溶多维），营养剂（如糖、奶粉、多维电解质等）和消毒药（酸类、醛类、氯制剂等，准备 3～5 种消毒药交替使用）等。

4. 温度调试

安装好供温设备后要进行调试，以了解供温设备的性能。根据供温设备情况提前升温，避免雏鸡入舍时温度达不到要求而影响育雏效果。

观察供温后温度能否上升到要求的温度，需要多长时间。如果达不到要求，要采取措施尽早解决。育雏前 2 天，要使温度上升到育雏温度且保持稳定。

5. 人员、饲料和垫料的准备

育雏人员在育雏前 1 周左右到位并着手工作。饲料在雏鸡入舍前 1 天进入育雏舍，准备可饲喂 5～7 天的饲料，饲料太多易变质或导致营养损失。如果采用地面平养，还需要准备锯屑、刨花、铡短的麦秸和稻草等垫料。

三、育雏供温方式和育雏方式

1. 育雏供温方式

（1）保姆伞供温　形状像伞，撑开吊起，伞内侧安装有加温和控温装置（如电热丝、电热管、温度控制器等），伞下一定区域可达到育雏温度。适用于地面平养和网上平养。

根据育雏数量，育雏舍内可以放置多个保姆伞。伞的直径（热源面积）不同，每个伞养育的雏鸡数量不等（表4-1）。

目前保姆伞的材料多是耐高温的尼龙，可以折叠，使用比较方便。

表4-1　热源面积与育雏数量表

热源直径/厘米	伞高/厘米	半月内容纳鸡的只数
100	55	300
130	60	400
150	70	500

（续）

热源直径/厘米	伞高/厘米	半月内容纳鸡的只数
180	80	600
240	100	1000

保姆伞下形成不同的温度区，伞的中央温度最高，离伞越远，温度越低。雏鸡在伞下活动、采食和饮水。保姆伞育雏数量多（200～1000只），雏鸡可以在伞下选择适宜的温度区，换气良好。但育雏舍内需要保持一定的温度（需要保持在24℃）。

（2）锅炉热水供温 大型鸡场育雏数量较多，可采用锅炉热水供温。

锅炉燃烧产生热量将炉内的水加热，热水在循环泵的作用下，通过管道把热水送到育雏室的散热器内，使舍内温度升高到育雏温度。此法能保证育雏舍清洁卫生，育雏温度稳定，温控可以采用微电脑控制，但投入较大。

（3）热风炉供温 将热风炉产生的热风引入育雏舍内，使舍内温度升高。

热风炉是利用燃料或电能将热风炉中的空气加热，再利用风机将热风送入舍内，使舍内温度升高。如果育雏室较长，舍内应安装送风管道（管道上有呈120°下俯角设置的散风口），有利于舍内温度均匀。热风炉供温，舍内温度均匀，可以全自动控制，保持舍内卫生。目前生产中广泛采用热风炉供温。

（4）火炉、烟道等供温

火炉供温。利用火炉加热，通过烟管散热和导出煤气，是一种传统方式。经济简单，但温度不稳定，环境差。

烟道供温。利用火炉加热，通过烟道（可分为地上烟道和地下烟道）散热，通过烟囱将煤气导出，是一种传统方式。温度稳定，环境好，但浪费燃料。

2. 育雏方式

（1）地面育雏

地面育雏就是将雏鸡养在铺有垫料的地面上。根据垫料厚度和更换情况，可分为厚垫料育雏和更换垫料育雏两种方式。

1）更换垫料育雏。把鸡养在铺有垫料的地面上，垫料厚 3 ~ 5 厘米，经常更换。育雏前期可在垫料上铺设黄纸，有利于饲喂和雏鸡活动。换上料槽后可去掉黄纸，根据垫料的潮湿程度更换或部分更换。垫料可重复利用。

优点是简单易行，农户容易做到，但缺点也较突出，雏鸡经常与粪便接触，容易感染疾病，饲养密度小，占地面积大，管理不够方便，劳动强度大。

2）厚垫料育雏。厚垫料育雏指在地面上铺设 10 ~ 15 厘米厚的垫料，雏鸡生活在垫料上，经常用新鲜的垫料覆盖于原有的垫料上，到育雏结束后一次性清理垫料和废弃物。

优点是劳动强度小，雏鸡感到舒适（由于原料本身能发热，雏鸡腹部受热良好），并能为雏鸡提供某些维生素（厚垫料中微生物的活动可以产生维生素 B_{12}，有利于促进雏鸡的食欲和新陈代谢，提高蛋白质利用率）。

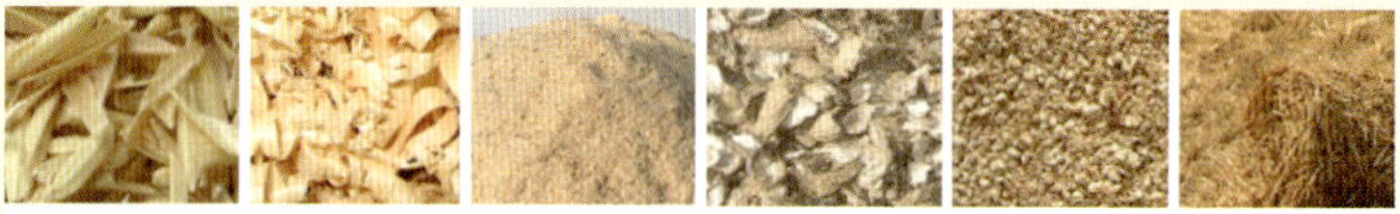

稻壳　刨花　锯屑　花生壳　玉米芯　秸秆

对垫料的要求：重量轻、吸湿性好、易干燥、柔软有弹性、廉价，适于做肥料。

（2）网上育雏　网上育雏就是将雏鸡养在离地面 80 ~ 100 厘米

高的网上。网面的构成材料种类较多，有钢制的（钢板网、钢编网）、木制的和竹制的，现在常用的是竹制的，将多个竹片串起来，制成竹片间距为1.2～1.5厘米的竹排，将多个竹排组合形成育雏网面。育雏前期再在上面铺上塑料网，可以避免雏鸡脚趾被折断，雏鸡感到舒适。目前很多商品蛋鸡场的育雏采用这一方式。

采用网上育雏，粪便直接落入网下，雏鸡不与粪便接触，减少病原感染的机会，尤其是球虫病暴发的危险。网上育雏饲养密度比地面饲养可提高20%～30%，减少了鸡舍面积，降低了劳动强度。

（3）立体育雏（笼育） 把雏鸡养在多层笼内，这样可以增加饲养密度，减少建筑面积和占用的土地面积，便于机械化饲养，管理定额高，适于规模化饲养。

层叠式育雏笼由笼架、笼体、料槽、水槽和托粪盘构成。笼架长×宽×高为100厘米×(60～80）厘米×150厘米。从离地30厘米起，每40厘米为1层，设3～4层，笼底与托粪盘相距10厘米。

阶梯式育雏笼一般笼架长×宽×高为200厘米×(180～200）厘米×(140～150）厘米。粪便直接落入地面或粪沟内。

四、雏鸡的选择和运输

1. 进雏

雏鸡须来源于规模较大、洁净卫生的种禽场，并向引种禽场索要种畜禽生产经营许可证、动物防疫合格证、引种证明等法律法规规定的证明文件，并保存3年以上。

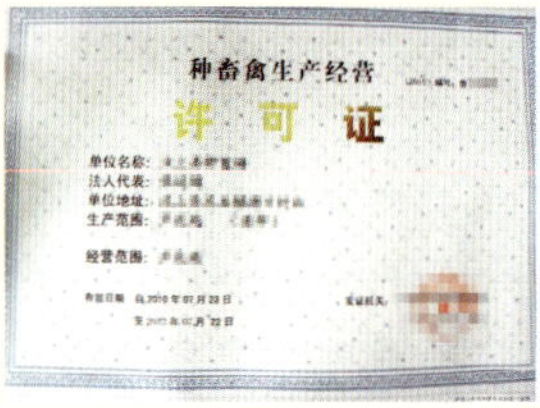

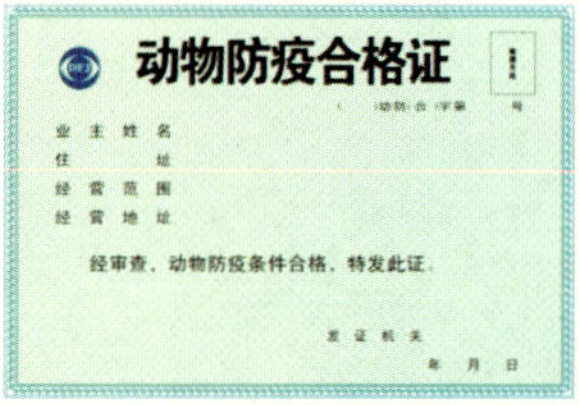

种禽场要有种畜禽生产经营许可证和动物防疫合格证。

引种时要有引种证明和动物检疫合格证明。

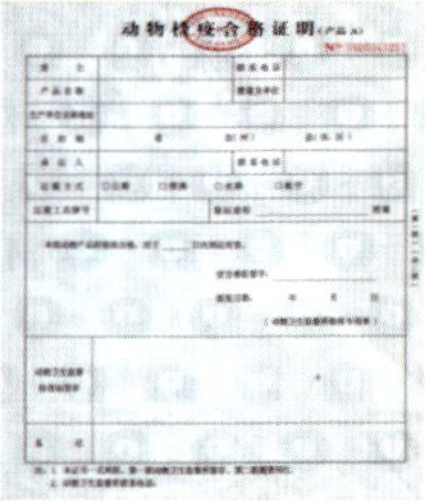

2. 雏鸡挑选

（1）优质雏鸡

1）优质雏鸡群体质量好，符合4A级标准。

»4A级最高质量雏鸡

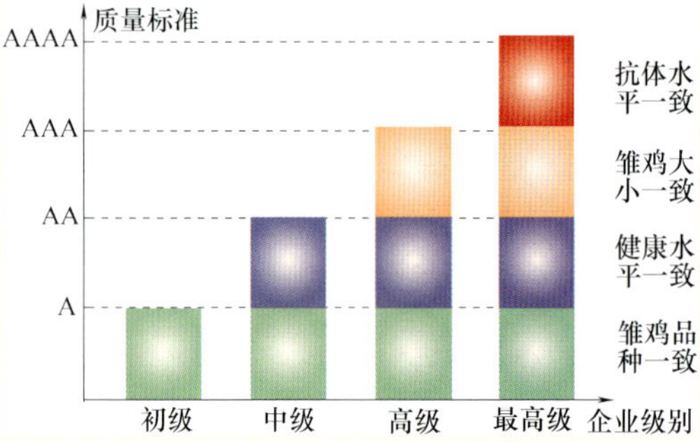

2）优质雏鸡健康无病。

适时出壳，精神活泼，站立稳健，绒毛光亮，长短适中，触摸雏鸡挣扎有力，腹部柔软有弹性，脐部平整光滑、无钉手感觉，用手轻敲雏鸡盒的边缘，有响动，健雏会发出清脆悦耳的叫声。

（2）劣质雏鸡

1）劣质雏鸡群体不符合4A级标准。

2）雏鸡不健康（弱雏）。

弱雏表现出壳过早或过迟，站立不稳、精神萎靡、绒毛杂乱，背部粘着蛋壳和污物，腹部坚硬，或有拐腿、歪头、瞎眼、交叉喙等缺陷。

脚趾畸形，可能是由于遗传，更可能是由于B族维生素的缺乏，或是出雏器温度过高造成。

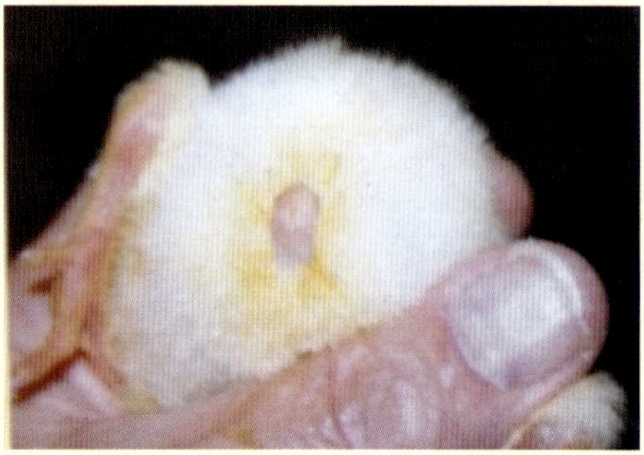

雏鸡的脐部愈合不太好，一段时间后可以闭合，可以保留。

雏鸡的脐部愈合不好，有钉脐，很难饲养，要淘汰。

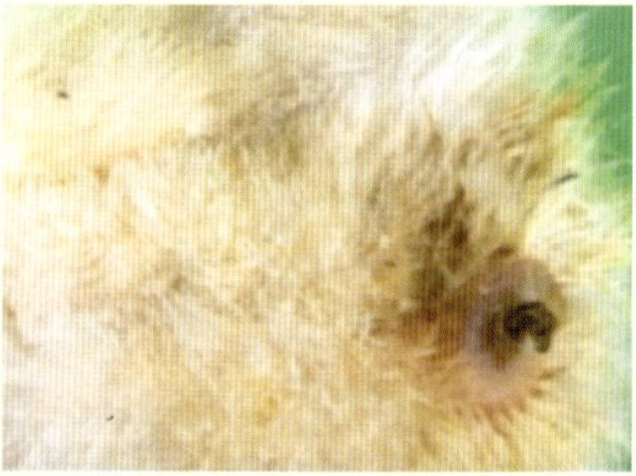

3. 雏鸡的运输

雏鸡的运输直接影响雏鸡的质量。为保证雏鸡在出壳后 36 小时内进入育雏舍，运输时要求迅速、及时、安全、平稳。运输车辆可以选择有空调系统的专用运输车，确保运输过程中为雏鸡提供舒适的环境条件，运输途中要注意检查雏鸡的动态。

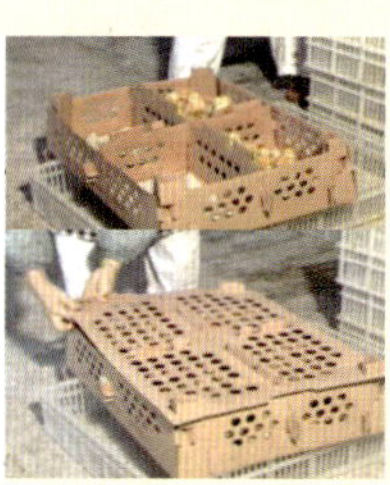

雏鸡运输箱（左）和雏鸡运输盒（右）。箱或盒内有隔板将其分为 4 格，每格 25 只鸡。可以避免路途叠堆导致雏鸡死亡。

雏鸡运输车和雏鸡装车。

五、雏鸡的饲养

1. 雏鸡的饮水

雏鸡的消化吸收、废弃物的排泄、体温调节等都需要水。水在机体内占有很高的比例，而且是重要的营养素。据研究，小鸡出壳后 24 小时消耗体内水分的 8%，48 小时消耗 15%。所以必须保证供应充足的饮水。

开水。雏鸡第一次饮水叫开水。雏鸡最好在出壳后 12～24 小时能够饮到水。

雏鸡入舍后就要饮水，可以缓解运输途中给雏鸡造成的脱水和路途疲劳。出壳过久饮不到水会引起雏鸡脱水和虚弱，而脱水和虚弱又会直接影响到雏鸡尽快学会饮水和采食。

为了减轻雏鸡路途疲劳和脱水，可让雏鸡饮营养水。即水中加入5%～8%的糖（白糖、红糖或葡萄糖等），或2%～3%的奶粉，或多维电解质营养液；为了缓解应激，可在水中加入维生素C或其他抗应激剂。

如果雏鸡不知道或不愿意饮水，采用人工诱导或驱赶的方法（把雏鸡的喙浸入水中几次，雏鸡知道水源后会饮水，其他雏鸡也会学着饮水）使雏鸡尽早学会饮水，对个别不饮水的雏鸡可以用滴管滴服。

暖房式育雏（整个育雏舍内温度达到育雏温度），饮水器均匀放在网面上和地面上，饮水器边缘高度与鸡背相平。

乳头式饮水器饮水，最初2天，乳头调至与雏鸡眼部平行，第3天提升水线，使雏鸡仰头45°饮水，以后逐渐调高，到第10天调至雏鸡仰头70°～80°饮水。

保姆伞育雏，饮水器均匀放在保姆伞的边缘外的垫料上；笼育时，饮水器放在笼底网的网面上，每个笼内都要有饮水器。

0～3日龄雏鸡饮用温开水，水温为16～20℃，以后可饮洁净的自来水或深井水。雏鸡的正常饮水量见表4-2。

表4-2　雏鸡的正常饮水量　[单位：毫升/(天·只)]

周龄	1～2	3	4	5	6	7	8
饮水量	自由饮水	40～50	45～55	55～65	65～75	75～85	85～90

雏鸡饮水时的注意事项：

1）将饮水器均匀放在育雏舍光亮温暖、靠近料盘的地方。

2）育雏期自由饮水。保证饮水器中经常有水，发现饮水器中无水，应立即加水，不要待所有饮水器无水时再加水（雏鸡有定位饮水习惯），避免鸡群缺水后暴饮。

3）饮药水要现用现配，以免失效，掌握准确的药量。

4）经常刷洗饮水器水盘，保持干净卫生。

5）饮水免疫的前后2天，饮用水和饮水器不能含有消毒剂，否则会降低疫苗效果，甚至使疫苗失效。

6）注意观察雏鸡是否都能饮到水，发现饮不到水的要查找原因，立即解决。若饮水器少，要增加饮水器数量；若光线暗或不均匀，要增加光线强度；若温度不适宜，要调整温度。

2. 雏鸡的开食

雏鸡第一次饲喂叫开食。雏鸡要适时开食，即大约1/3雏鸡有觅食行为时可开食。一般是幼雏进入育雏舍，休息、饮水后就可开食。最重要的是保证雏鸡出壳后尽快学会采食和采食到饲料，学会采食时间越早，采食的饲料越多，越有利于早期生长和体重达标。

开食最合适的饲喂用具是大而扁平的容器或料盘。因其面积大，雏鸡容易接触到饲料和采食饲料，易学会采食。

传统的开食料使用碎玉米、碎米、碎小米等，现在开食使用蛋小鸡配合饲料。配合饲料营养全面平衡，含有雏鸡生长所需的各种营养物质。为了保证雏鸡体重达标，有的蛋鸡场在育雏 1 ~ 2 周使用蛋小鸡强化饲料，其营养浓度更高。

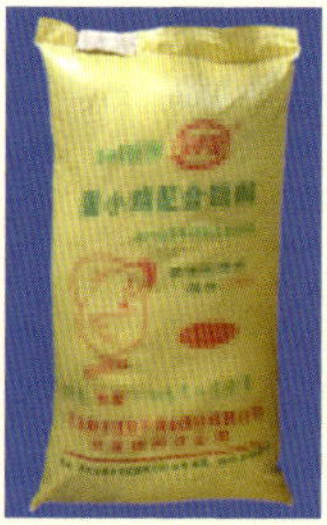

将开食料用温水拌湿（手握成块，一松即散为宜），撒在开食盘中。湿拌料适口性好，获取营养物质全面。

也可将开食料拌湿撒在黄纸上让鸡采食。

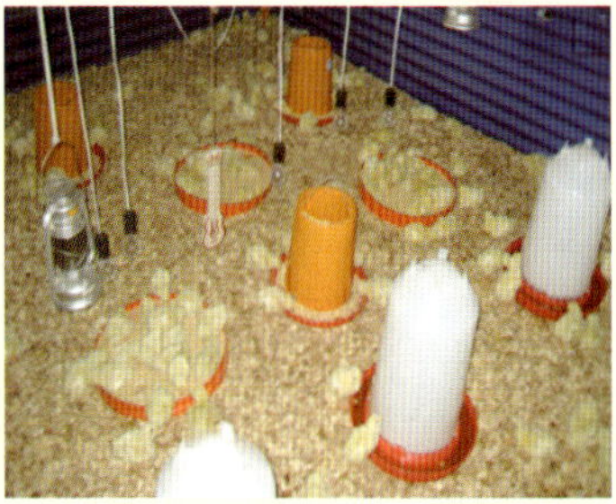

1 周后使用料桶喂干粉料。及早将料桶放入舍内，并放一些料让雏鸡适应。

对不采食的雏鸡群要人工诱导其采食，即用食指轻敲纸面或食盘，发出小鸡啄食的声响，诱导雏鸡跟着手指啄食，有一部分小鸡啄食，很快会使全群采食。

开食后，第 1 天喂料要少撒勤添，每 1 ~ 2 小时添料 1 次，添料的过程也是诱导雏鸡采食的一种措施。

开食后要注意观察雏鸡的采食情况，保证每只雏鸡都吃到饲料，尽早学会采食。开食几小时后，雏鸡的嗉囊应是饱的，若不饱，应检查其原因（如光线太弱或不均匀、食盘太少或撒料不匀、温度不适宜、体质弱或其他情况）并加以解决和纠正。开食好的鸡采食积极，速度快，采食量逐日增加。

3. 雏鸡的饲喂

（1）饲喂次数　1 ~ 2 周，每天喂 6 次，其中早晨 5 点和晚上 10 点各喂 1 次；3 ~ 4 周每天喂 5 次；5 周以后每天喂 4 次。

（2）饲喂方法

前两周每次饲喂不宜过饱。幼雏贪吃，容易采食过量，引起消化不良，一般每次采食九成饱即可，采食时间约 45 分钟。3 周以后可以自由采食。生产中要根据鸡的采食情况灵活掌握喂料量（表 4-3），既要保证雏鸡吃好，获得充足营养，又要避免饲料的浪费。

表 4-3 不同品种雏鸡的参考喂料量

周龄	白壳蛋鸡		褐壳蛋鸡	
	给料量/[克/(天·只)]	体重范围/克	给料量/[克/(天·只)]	体重范围/克
1	13	50～70	13	80～100
2	16	100～140	24	130～150
3	19	160～200	29	180～220
4	29	220～280	35	250～310
5	38	290～350	40	360～440
6	41	350～430	45	470～570

(3) 定期饲喂沙砾

鸡无牙齿，食物要靠肌胃蠕动和胃内沙砾研磨。4周龄时，每100只鸡喂250克中等大小的不溶性沙砾（不溶性是指不溶于盐酸。可以将沙砾放入盛有盐酸的烧杯中，如果有气泡则说明是可溶性的）。

六、雏鸡的管理

1. 提供适宜的环境条件

(1) 适宜的温度 温度不仅影响雏鸡的体温调节、运动、采食、饮水及饲料营养消化吸收和休息等生理环节，还影响机体的代谢、抗体产生、体质状况等。温度是育雏的首要条件，是育雏成败的关键，温度适宜有利于提高雏鸡的成活率，促进雏鸡的生长发育。育雏温度随着日龄增加而逐渐降低，直至脱温（表4-4）。

表 4-4 不同周龄雏鸡的适宜温度

周龄	1～2天	1周	2周	3周	4周	5周	6周
温度/℃	33～35	30～33	28～30	26～28	24～26	21～24	18～21

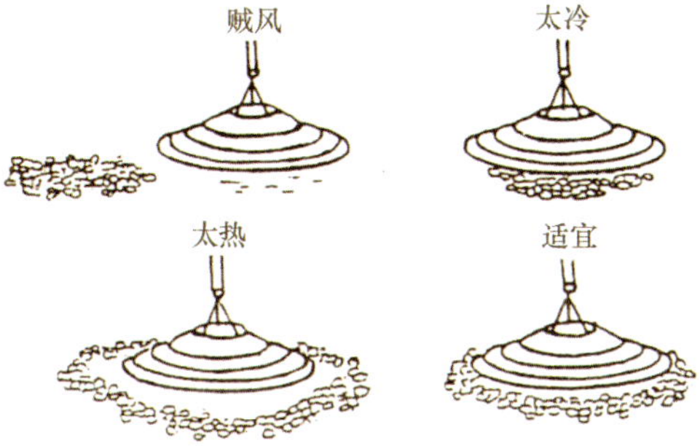

不同温度状态下雏鸡表现示意图

温度适宜时，雏鸡分布均匀，食欲良好，饮水适度。精神活泼，叫声轻快，羽毛光洁整齐。粪便正常。饱食后休息时，均匀地分布在保姆伞周围或地面、网面上，头颈伸直，睡姿安详（左：刚出壳雏鸡；右：15 日龄雏鸡）。

1）温度的调整。可根据幼雏的体质、时间、群体情况等给予调整，使温度适宜均衡，变化小。一般出壳到 2 日龄温度稍高，以后每周降低 2℃，直至 20℃左右。白天雏鸡活动时，温度可稍低，夜晚雏鸡休息时，温度可稍高；周初比周末温度可稍高；健雏所需温度稍低，病弱雏所需温度稍高；大群稍低，小群稍高；晴朗天稍低，阴雨天稍高。

育雏温度低时，雏鸡扎堆，易挤压窒息死亡。雏鸡尽量靠近热源，不愿采食，饮水减少，发出尖叫声。幼雏易患感冒、拉稀等疾病，尚未吸收完的卵黄也因低温而不能正常继续吸收，腹部既大又硬，鸡体软弱，甚至死亡。

育雏温度高时，雏鸡两翅和嘴张开，呼吸快，发出吱吱的鸣叫声，采食少，饮水多，精神差，远离热源。若长时间处于高温环境，不食，频繁饮水，体质弱，易患呼吸道疾病和啄癖。

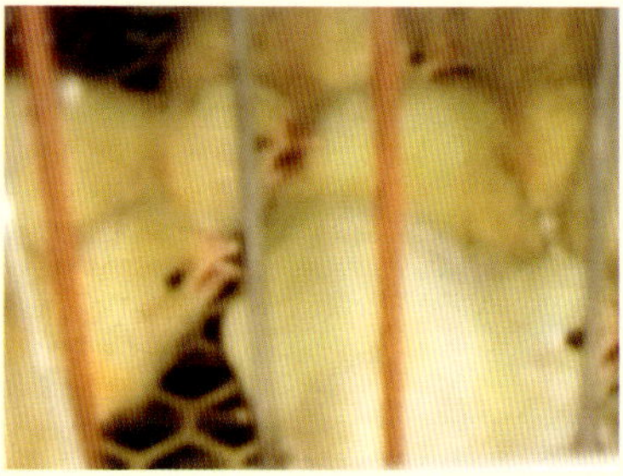

2）温度测定。温度计的位置直接影响育雏温度的准确性。温度计位置过高，测得的温度比要求的育雏温度低，从而影响育雏效果，这种情况在生产中常有出现。育雏前对温度计进行校正，做上记号。育雏过程中，根据雏鸡的行为表现进行适当的调整，即“看雏施温”。

测量温度用普通温度计即可，保姆伞育雏，温度计挂在距伞边缘15厘米、高度与鸡背相平（大约距地面5厘米）处；地面、网上和笼育育雏，温度计挂在距地面、网面和每层笼底网5厘米高处。

3）脱温。当舍内外温差不大时可脱去温度。脱温要逐渐进行（3～5天），防止太快而引起雏鸡感冒，避开各种逆境（免疫、转群、寒潮、换料等）。

（2）适宜的湿度　适宜的湿度会使雏鸡感到舒适，有利于雏鸡健康和生长发育；育雏舍内如果过于干燥，雏鸡体内水分随着呼吸而大量散发，则腹腔内的剩余卵黄吸收困难，同时由于干燥而饮水过多，易引起拉稀，脚爪发干，羽毛生长缓慢，体质瘦弱；育雏舍内如果过于潮湿，由于育雏温度较高，且育雏舍内水源多，容易造成高温高湿环境，在此环境中，雏鸡闷热不适，呼吸困难，羽毛凌乱污秽，易患呼吸道疾病，增加死亡率。

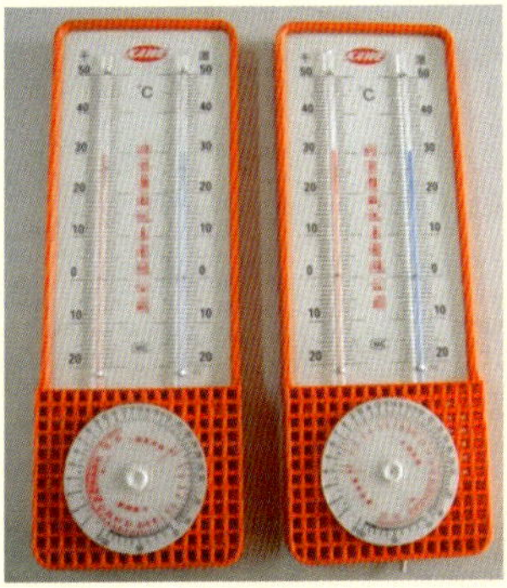

干湿温度计。育雏前期为防止雏鸡脱水，相对湿度宜较高，为70%～75%，可以通过在舍内火炉上放置水壶、在舍内喷热水等方法提高湿度；10～20天，相对湿度降到65%左右；20日龄以后，由于雏鸡采食量、饮水量、排泄量增加，育雏舍易潮湿，所以要加强通风，更换潮湿的垫料和清理粪便，以保证舍内相对湿度在40%～55%。

（3）新鲜的空气　通过通风换气可以驱除舍内的污浊气体、水汽、尘埃和微生物，换进新鲜空气，调节舍内温度。

育雏舍既要保温，又要注意通风换气，保温与通气是矛盾的，因此应在保温的前提下，进行适量通风换气。通风换气的方法有自然通风和机械通风两种。自然通风的具体做法是：在育雏室设通风窗，气温高时，尽量打开通风窗（或通气孔），气温低时把它关好；机械通风多用于规模较大的养鸡场，可根据育雏舍的面积和所饲养雏鸡数量，选购和安装风机。育雏舍内空气是否新鲜，以人进到舍内不刺激鼻、眼，不觉胸闷为宜。在通风要求上，各种有害气体含量不能超过以下标准：二氧化碳（CO_2），空气中正常含量为0.03%，育雏舍内不应超过0.05%；氨气（NH_3）不应超过0.002%；硫化氢

（H_2S）不超过 0.001%；一氧化碳（CO）不超过 0.0024%。育雏前期，注意保温，通风量少些；育雏后期，舍内空气容易污浊，应增加通风量。通风时要避免间隙风，以免雏鸡着凉感冒。

（4）适宜的饲养密度（表 4-5）

表 4-5　不同饲养方式的饲养密度

周　龄	地面平养/（只/米^2）	网上平养/（只/米^2）	立体笼养/（只/米^2）
1～2 周	35～40	40～50	60
3～4 周	25～35	30～40	40
5～6 周	20～25	25	35
7～8 周	15～20	20	30

饲养密度过大，雏鸡易扎堆拥挤，发育不均匀，易发生疾病，死亡率高。

（5）合理的光照　育雏 1～3 天，保证每天 23～24 小时光照，光照强度 30～40 勒克司，使雏鸡尽快适应和熟悉环境，尽早学会饮水采食。以后按照光照方案进行光照。

（6）卫生　雏鸡体小质弱，对环境的适应力和抗病力都很差，容易发病，特别是传染病。所以要加强入舍前的育雏舍消毒，加强环境和出入人员、用具设备消毒，经常带鸡消毒，并封闭育雏，做好隔离。

2. 让雏鸡尽快熟悉环境

育雏器周围最好加上护栏（冬季用板材，夏季用金属网），以防雏鸡远离热源。随着日龄的增加，应逐渐扩大护栏面积或移去护栏。保姆伞育雏时，伞内要安装 1 个小的白光灯或红光灯以调教雏鸡熟悉环境，2～3 天雏鸡熟悉热源后灯方可去掉。

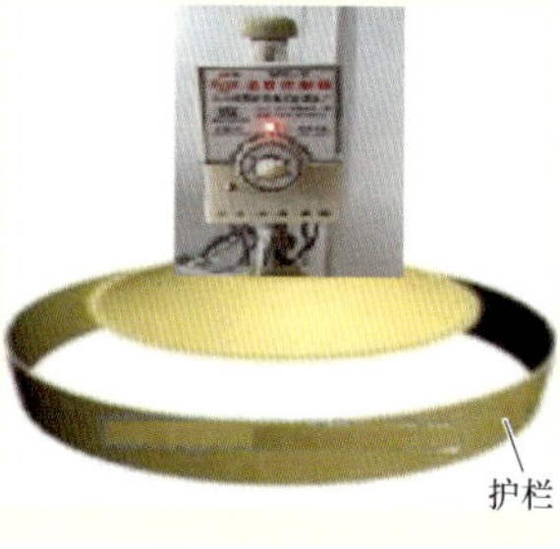

暖房式（整个舍内温度达到育雏温度）加温的育雏舍，在育雏前期可以把雏鸡固定在一个较小的范围内，这样可以提高饲槽和饮水器的密度，有利于雏鸡学会采食和饮水。同时，育雏空间较小，有利于保持育雏温度和节约燃料；笼养时，育雏的前2周内笼底要铺上厚实粗糙并有良好吸湿性的纸张，这样笼底平整，易于保持育雏温度，雏鸡活动舒适。

3. 垫料管理

地面平养一般要使用垫料，开始垫料厚度为5厘米，3周内保持垫料稍微潮湿，不能过于干燥，否则易引起脱水，3周后保持垫料干燥，其湿度为25%。加强靠近热源的垫料的管理，因鸡只常逗留于此，易污浊潮湿，垫料污浊潮湿时要及时更换，可以减少霉菌感染，未发生传染病的情况下，潮湿的垫料在阳光下干燥暴晒（最好消毒）后可以重复利用。

4. 加强对弱雏的管理

随着日龄的增加，雏鸡群内会出现体质瘦弱的个体。注意及时挑出小鸡、弱鸡和病鸡，隔离饲养，精心管理，以期跟上整个鸡群的发育。随着体格的增大，雏鸡占用的空间变大，要注意扩大饲养范围，降低饲养密度，并满足雏鸡对饲槽和水槽的需求。

5. 断喙

断喙可防止啄癖、节省饲料，使鸡群发育整齐。蛋用雏鸡一般在8～10日龄断喙（如果断喙时间晚，则喙质硬，不好断。如果断喙过早，雏鸡体质弱，适应能力差，就会引起较严重的应激反应），可在以后转群或上笼时补断。

（1）断喙方法

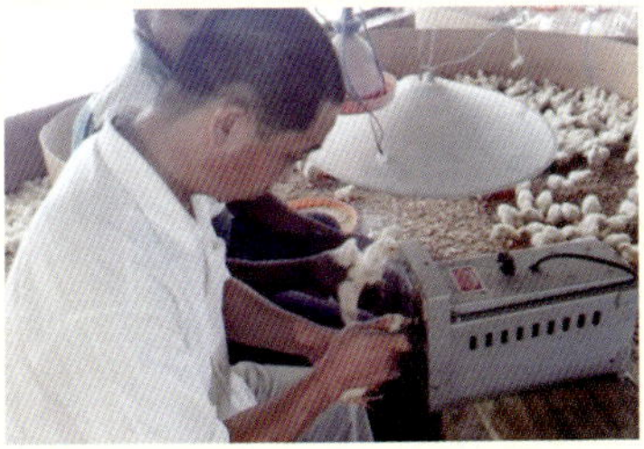

用拇指捏住鸡头后部，食指捏住下喙咽喉部，将上下喙合拢，放入断喙器的小孔内，借助于灼热的刀片，切除鸡上下喙的一部分，断喙刀片灼烧组织可防止出血，断去上喙长度的1/2和下喙长度的1/3。

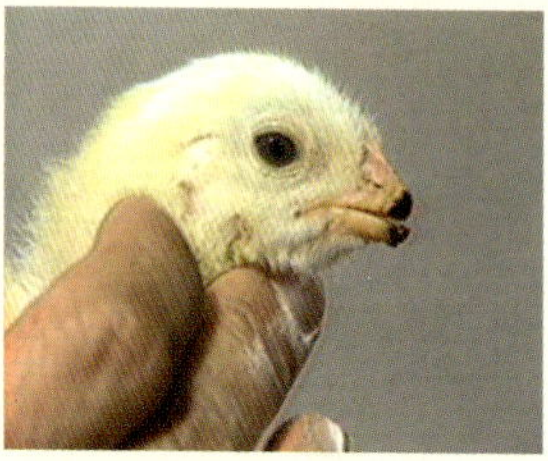

断喙后的雏鸡

断喙效果

断喙良好

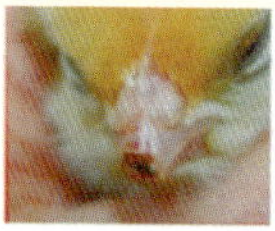

偏向一侧

断喙温度过高

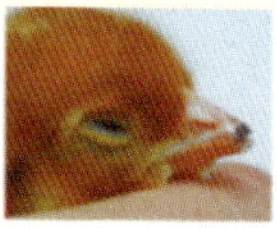

断喙过多

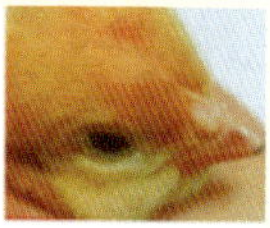

断喙过少

（2）断喙注意事项

1）断喙要标准。

2）刀片温度以650～750℃为宜（断喙器刀片呈暗红色）。温度太高，会将喙烫软变形；温度太低，起不到断喙的作用，即使断去喙，也会引起出血、感染。

3）鸡群发病期间不能断喙，待病痊愈后再断喙。在免疫期间最好不进行断喙，避免影响抗体生成，有的鸡场为了减少抓鸡次数，在断喙的同时免疫接种，应在饮水或饲料中添加足量的抗应激剂。

4）断喙后食槽应有1～2厘米厚的饲料，以避免雏鸡采食时与槽底接触引起喙痛而影响以后采食。

5）在断喙前后3天，每千克饲料中加5毫克维生素K，防止断喙后出血。

6）保持断喙器清洁，以防断喙时交叉感染。

6. 注意观察鸡群（表4-6）

表4-6　雏鸡的不同表现

项　目	健　康　鸡	不　健　康　鸡
采食情况	鸡群采食积极，食欲旺盛。触摸嗉囊饱满	不食或采食不积极

（续）

项 目	健 康 鸡	不 健 康 鸡
精神状态	活泼好动	呆立一边或离群独卧，低头垂翅
呼吸情况	无咳嗽、流鼻涕、呼吸困难症状；晚上蹲在鸡舍内静听雏鸡呼吸音，安静，听不到异常声音	有咳嗽、流鼻涕、呼吸困难，有异常声音
粪便检查	多为不干、不湿、黑色圆锥状，顶端有少量尿酸盐沉着	有异常粪便

七、育雏中的问题分析及解决措施

1. 育雏期死亡率高

（1）原因

1）细菌感染。以雏鸡白痢、脐炎、大肠杆菌感染为主，大多是由种鸡垂直感染。

2）病毒感染。如传染性法氏囊病、传染性支气管炎等，主要是因为种鸡免疫程序不合理，雏鸡母源抗体水平过低。

3）环境因素。温度不适宜、忽高忽低、昼夜温差大，雏鸡感染腹泻。

4）管理因素。出壳时间过长，路途运输时间长或运输不良，开食饮水不好等导致脱水。

（2）解决措施

1）选择洁净、免疫科学、信誉高的种鸡场购买雏鸡。

2）控制好育雏条件，特别是育雏温度。

3）育雏期间在饲料或饮水中添加抗生素和抗应激剂。

2. 育雏期体重不达标，群体均匀度差

（1）原因

1）饲养不当。饲料营养浓度低、饲料原料质量差、开食和饮水过晚。

2）环境因素。鸡群密度大，空气质量差，育雏温度不适宜，照

明时间过短及光线不均匀导致采食时间短和采食不均匀。

3）断喙失误。部分鸡喙断得过度。

4）疾病。感染球虫病、大肠杆菌病、鸡白痢及发生新城疫、传染性支气管炎、传染性法氏囊病等。

（2）解决措施

1）加强饲养。选择优质的雏鸡饲料，1～2 周龄最好使用雏鸡强化饲料。雏鸡要在 24～36 小时内开饮和开食，在饲料和饮水中添加适量的抗应激剂。

2）适宜的环境条件。保证育雏舍温度适宜、光照合理、通风适量，避免饲养密度过大，保证充足的饲喂和饮水位置。

3）合理断喙。断喙要标准，并加强断喙前后的管理，尽量降低对雏鸡的应激。

4）预防疾病。加强隔离、卫生、消毒和免疫，减少病毒病的发生。定期使用药物，做好细菌性疾病的防治工作。

第二节 育成鸡的饲养管理

育成鸡的饲养管理直接影响到育成新母鸡（养育到 18～20 周龄的育成鸡）的质量，影响其以后生产性能的发挥、饲料转化率、死亡淘汰率和经济效益。育成鸡的饲养管理重点是培育出体型符合标准、均匀整齐、体质健壮的优质育成新母鸡群。

一、育成鸡的生理特点

生长发育迅速，是骨骼、肌肉发育的重要时期；羽毛丰满，体温调节机能健全；消化系统逐渐完善，消化能力增强；免疫器官逐渐发育成熟，抵抗力增强；10 周龄后性器官发育迅速。

二、育成鸡的培育目标

1）体重和骨骼发育好（平均体重和胫骨长度符合品种要求）。

2）群体均匀整齐（体重均匀度大于80%，胫长均匀度大于90%）。

3）体质健壮。

4）适时性成熟。

5）抗体水平符合要求。

三、育成鸡的饲养

1. 饮水

育成鸡饮用水要清洁、充足。饮水器不漏水、不堵塞。每天注意消毒。

2. 喂料

（1）饲料更换

1）育成阶段需要更换2~3次饲料。

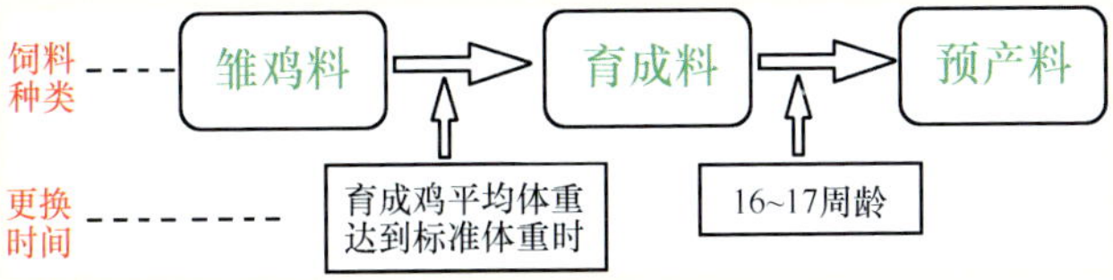

2）饲料更换要有3~4天的过渡期（表4-7）。

表4-7　饲料更换程序表

饲料种类	第一天	第二天	第三天	第四天
育雏料	2/3	1/2	1/3	0
育成料	1/3	1/2	2/3	1

（2）饲喂 育成期一般每天饲喂1～2次。喂料量根据鸡群的体重发育情况掌握。如果体重超标，可进行适当的限制饲养；体重符合或未达到标准，应自由采食。为保证鸡采食均匀，饲喂用具要充足。

定期补充沙砾，8周龄后，垫料平养每100只鸡每周补充沙砾450～500克，网上平养和笼养每100只鸡每4～6周补充450～500克不溶性沙砾，粒径为3～4毫米，1天用完（表4-8）。沙砾可拌入日粮，也可单独放在沙槽内。喂前冲洗干净，再用0.01%的高锰酸钾溶液消毒。

表4-8 沙砾补充表

周 龄	5～8	9～12	13～20
沙砾/千只	4.5千克	9千克	11千克
粒径/毫米	1	3	3

（3）育成后期的限制饲养

1）目的。可以使体成熟和性成熟适时化和同期化，产蛋率上升快，产蛋高峰高；节省饲料，降低饲养成本；产蛋期死亡淘汰率低，饲料报酬好。

2）起止时间。7～8周龄开始，17～18周龄结束。

3）限食方法。第一种方法是量的限制。根据标准的体重和饲喂量，对照实测体重确定。限制量为自由采食量的7%～8%（轻型）或10%～15%（中型），此法操作简便。第二种方法是质的限制。限制日粮中的能量、蛋白质或赖氨酸的水平，使生长速度变慢，性成熟延缓。第三种方法规定每天的喂料时间，其余时间封闭或吊起料桶或料槽。这种方法操作较难，若操作不当，容易导致鸡群均匀度变差。

4）注意事项。

当育成期体重超标时，可以适当限制饲养。否则不能限制饲养。

限制饲养，饮食位置充足（料槽8～13厘米/只或料桶4～6厘米/只。饮水位置2.5～5厘米/只），布料快速而均匀。每天加料1次或2次。

四、育成鸡的日常管理

虽然育成鸡的适应力和抗病力较强，但育成期的管理也不能疏忽。生产中由于不重视育成期管理而影响以后生产性能发挥的情况也不少见。

1. 注意观察

每天认真观察鸡群，及时发现异常情况，把隐患消灭在萌芽中。

2. 合理分群

进行适当的分群，做到公母分开饲养、强弱分开饲养、大小分开饲养。鸡群不要过大，一般每群以1000～2000只为宜。及时淘汰体重过小的、瘦弱的、残疾的、畸形的等无饲养价值的鸡，降低育成鸡的培育费用。

3. 加强卫生防疫

及时清理舍内的污物、污水和粪便，保持舍内干燥清洁；定期对鸡群带鸡消毒（每周2～3次）、环境消毒和用具消毒，同时注意经常更换消毒药；按照防疫程序进行确切的免疫接种。

4. 维持适宜的环境

1）适宜温度是15～21℃，注意防暑和防寒。

2）适量通风，保持舍内空气新鲜，避免呼吸道疾病的发生。

3）注意舍内卫生，每周带鸡消毒1～2次。

4）保持适宜的饲养密度。无论平养还是笼养，要使鸡群发育均匀，必须有适宜的饲养密度。不同品种、不同的饲养方式，要求的饲养密度不同（表4-9）。

表4-9　不同饲养方式的饲养密度　（单位：只/米^2）

品　种	地面平养	网上平养	网上与地面结合平养	笼　养
白壳蛋鸡	8.5	11.5	9.5	30
褐壳蛋鸡	6.5	9.5	8.5	25
轻型蛋种鸡	5.5	9	7.5	20
中型蛋种鸡	4.5	7	6	15

5. 做好记录

记录可以告诉管理者过去发生的事情，并帮助规划未来，可以总结经验，吸取教训，提高管理水平。记录的内容主要有：入舍的鸡数、品种、周龄（日龄）、日期；鸡的死亡、淘汰、存栏等变动情况；饲喂方案和光照管理方案；防疫和用药情况及鸡群生长发育情况（测定的体重、胫长及计算结果）。

五、育成鸡的光照管理

1. 光照的作用

光照对采食量、身体组织比例、体重、性成熟、蛋重、死亡都有影响。

2. 光照的原则

育雏育成期光照时数绝对不能延长；产蛋期光照时数绝对不能缩短。

3. 光照的时间（表4-10）

密闭舍光照程序。第1周23小时光照，以后每周减少1小时，10周龄减少10小时，其后保持恒定，到达性成熟体重时再延长光照时数。

表4-10 开放舍光照程序

周龄	出壳时间	光照时数
1～3日龄		23小时
4～14日龄		由23小时逐渐减至自然光照时数
3～18周龄	4月1日至9月15日	自然光照
	其余月份出壳的鸡	按出壳至18周龄最长日照时数恒定光照
19周龄以后		逐渐增加至16小时恒定

4. 光照强度

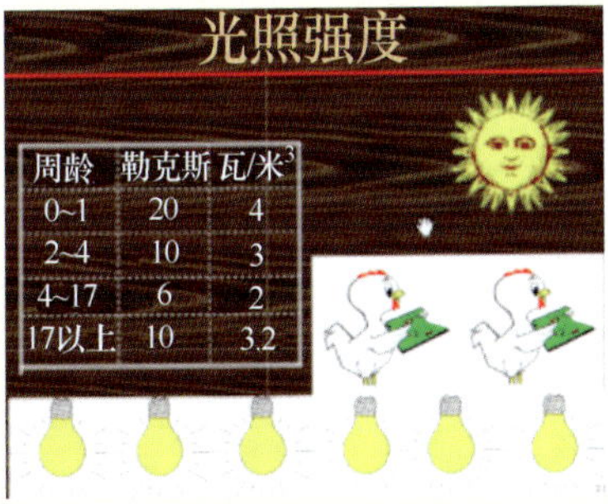

六、体型及均匀度管理

1. 体型管理

体重指标反映了鸡的体重增加情况，胫长指标反映了鸡的骨骼发育情况，体重指标和胫长指标综合构成了鸡的体型，可以全面准确地反映鸡的发育情况。体型良好的鸡群，即体重和胫长指标都符合标准的鸡，骨骼和体重协调增长，内部器官发育充分，会有很好的生产性能。

（1）体重和胫长标准 体重和胫长标准是育种场家在育种过程中得出的能产生最佳生物学指标和经济效益的体重和胫长指标。不同品种有不同的体重和胫长标准。伊莎褐壳母鸡体重、胫骨长度见表4-11。

表4-11 伊莎褐壳母鸡体重、胫骨长度表

周　龄	体重/克	胫长/毫米	周　龄	体重/克	胫长/毫米
1	70		12	935	94
2	114		14	1105	98
4	280		16	1280	100
6	360		18	1450	101
8	620	72	20	1450	101
10	810	85	22	1620	101

（2）体重和胫长测定

方法

◇ 第4周开始称测体重和胫长。

◇ 抽测鸡数不少于1%，最少称测80只鸡。

◇ 随机取样，逐只称测。

◇ 每周的同一天，在一天的同一时间称测。

◇ 编号记录体重和胫长。

称重时，磅秤要精确，误差在15克之内。为了便于称重，可将鸡放于桶状容器内称重。

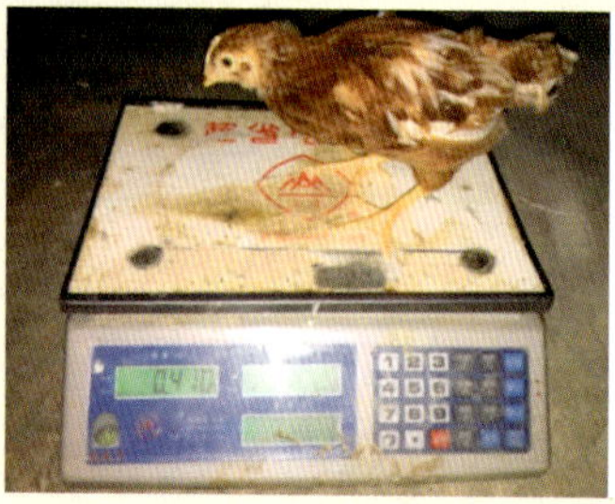

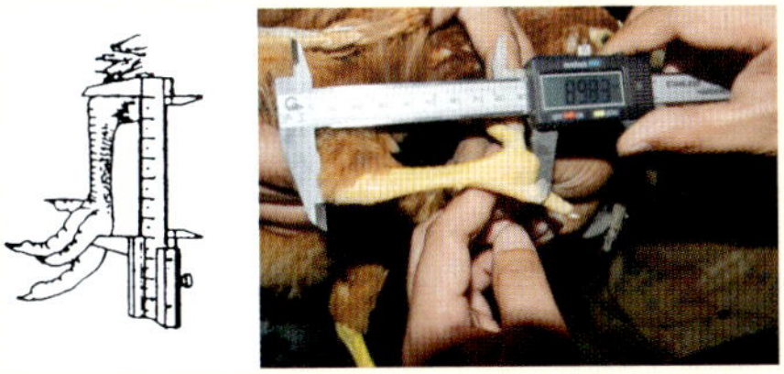

胫长测定示意图及实际测定

（3）计算

平均体重 = 所称鸡数总体重 ÷ 所称鸡只数

平均胫长 = 所称鸡数总胫长 ÷ 所称鸡只数

（4）调整 如果称测后与标准不符，要着手进行调整。

1）胫长达标情况下，体重超出标准，则应在下周不增加喂料量，直至与标准相符再恢复应该的喂料量。体重低于标准，则应在下周增加喂料量，平均体重与标准相差多少克，增加多少克饲料，并在2~3周内加完。

2）胫长不达标，体重达标，说明骨骼发育落后于体重增加，则应增加饲料中维生素、微量元素和矿物质的含量。体重也不达标，则应缓慢增加喂料量或提高日粮营养水平。

3）如果多次调整后体重仍不达标，则应检查日粮的营养水平，可能是日粮质量太差所导致。

2. 均匀度管理

均匀度是指鸡群的均匀程度。

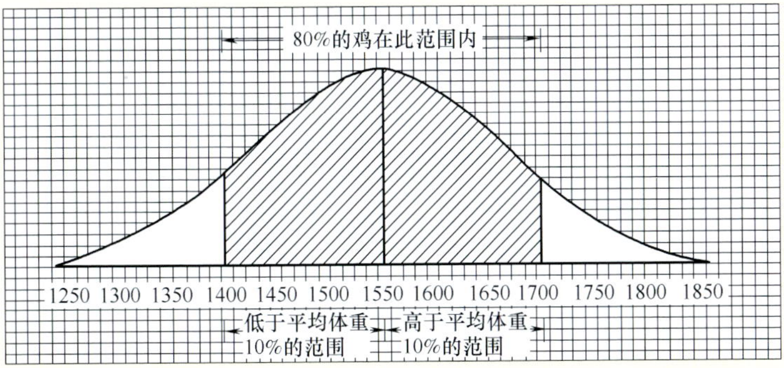

如体重均匀度是指体重在鸡群平均体重 ±10% 范围内的鸡占鸡群总数的百分比。

（1）均匀度的重要性

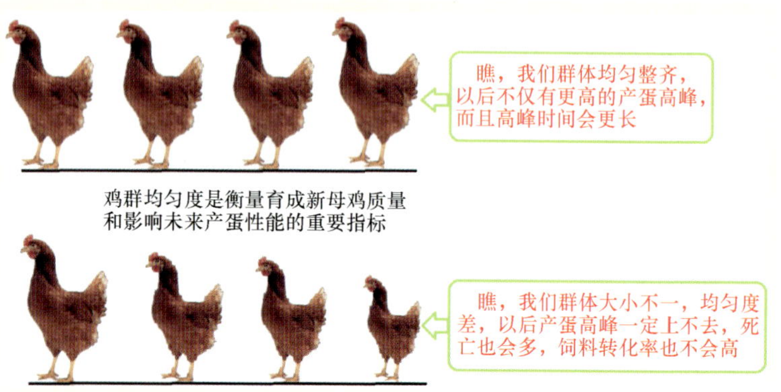

（2）均匀度的计算方法

体重均匀度＝[（平均体重±10%范围内鸡只数）÷鸡群总只数]×100%

胫长均匀度＝[（平均胫长±5%范围内鸡只数）÷鸡群总只数]×100%

（3）均匀度标准

1）体重均匀度≥80%，胫长均匀度≥90%，均匀度良好，鸡群开产整齐，产蛋高峰上得快，高峰明显且持续时间长。

2）体重均匀度≥75%～80%，合格鸡群。

3）体重均匀度≤75%，均匀度差，鸡群不能同步开产，产蛋高峰不明显或即使出现高峰也表现高峰晚、持续时间短，脱肛、啄肛多，死亡淘汰率高。

（4）影响均匀度的因素

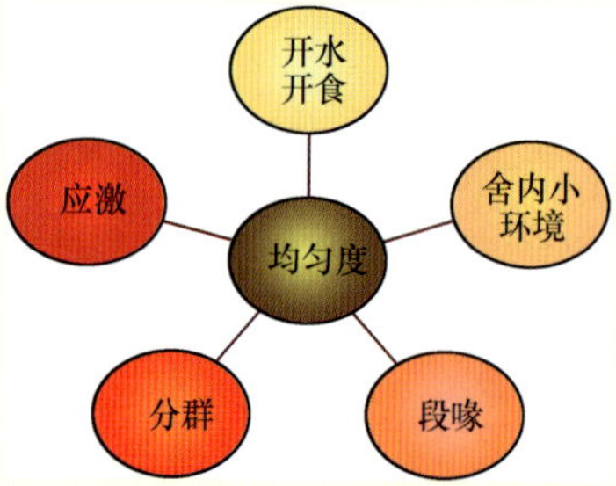

制约均匀度的主要因素

◇ 饲养密度（每平方米饲养鸡数）

◇ 饲料粒度（挑食）

◇ 料线长度及水平度

◇ 水线长度及是否能顺畅饮水

◇ 断喙质量

◇ 应激因素（疾病、免疫）

◇ 遗传背景

◇ 管理（开食饮水、称重、分群和环境温度等）

（5）控制措施

1）定期称重、检测均匀度。

2）科学管理。如正确断喙、保持鸡舍空气新鲜、适宜密度、减少应激及控制好疾病等。

3）保证采食均匀。采食位置充足、减少投料次数、快速投料及喂料后多次匀料等。

4）分群管理。把鸡群内的鸡分为超标、达标和不达标3个群隔开饲养管理。超标的限制饲养；达标的正常饲养；不达标的提高营养水平，增加喂料量，使用抗生素、助消化剂和抗应激剂等，促进生长发育，尽快达标。

第三节　产蛋鸡的饲养管理技术

雏鸡养到20周左右进入产蛋期，到72～76周龄产蛋结束。经过育雏育成期的大量投入，雏鸡进入产蛋期，开始生产产品。通过产蛋期精心的饲养管理，使鸡群保持较高的生产性能、较低的死亡率和较好的饲料报酬，可获得良好的经济效益。

一、产蛋期的生理特点

1. 对营养需求量较多

开产后体重还要增加，产蛋率提高，蛋重增大，需要较多的营养物质；在产蛋的不同阶段，对营养物质消化利用和需要不同。

2. 对环境变化敏感

产蛋鸡对环境变化非常敏感，饲料变化、环境（温度、湿度、光照、通风、密度）改变等，都会造成产蛋率的下降。

二、产蛋期内产蛋变化的规律

母鸡从开始产蛋到产蛋结束（72周龄左右淘汰），构成1个产蛋期。如果进行强制换羽，可以利用第2个或第3个产蛋期。鸡群产蛋有一定的规律性，反映在整个产蛋期内产蛋率的变化有一定的模式。用图绘制出来，即所谓的产蛋曲线。

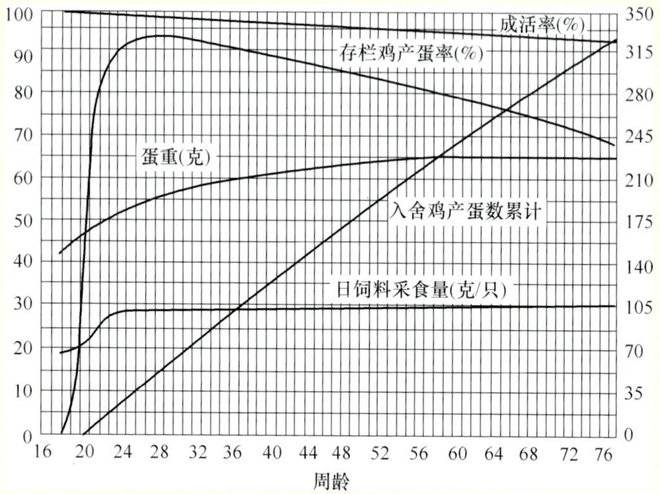

从曲线可看出，开产初期，产蛋曲线陡峭，产蛋率从5%开始，经过5～6周上升到85%以上，再经过2～3周上升到90%以上，维持一段时间，然后呈斜直线缓缓下降。产蛋高峰越高，维持时间越长，蛋鸡产蛋量就越多。如果上升期和高峰期饲养管理不善或遭受疾病，会严重影响蛋鸡产蛋量。

三、开产前的准备

1. 蛋鸡舍的整理和消毒

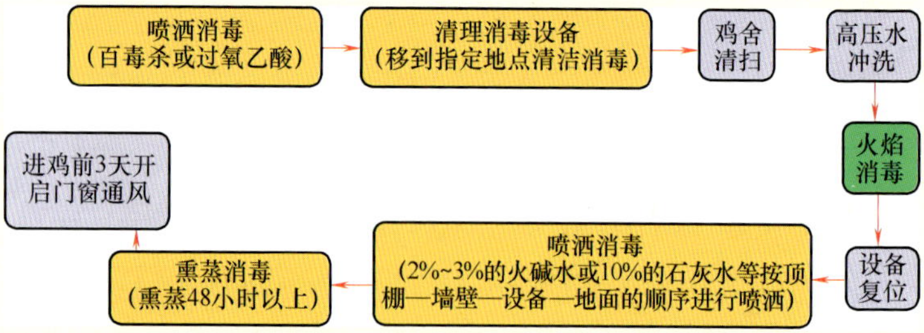

2. 检修鸡舍和设备

转群上笼前对鸡舍进行全面检查和修理。认真检查喂料系统、饮水系统、供电照明系统、通风排水系统和笼具、笼架等设备，如有异常立即维修，保证鸡入笼时完好，可正常使用。

清洁消毒、设备检修安装好的蛋鸡舍。

3. 物品用具准备

所需的各种用具及必需的药品、器械、记录表格和饲料要在入笼前准备好，进行消毒；安排好饲养人员，定人定鸡。

4. 适时转群入笼

在18周龄前完成转群入笼，此前应停料，在转群前后2～3天内，在饲料或饮水中添加多种维生素和抗生素。转群最好在晚间进行，以减少应激。

转群前在料槽和水槽中放上料和水（上图），开启照明系统，保持舍内明亮（下图）。新母鸡入舍后应立即吃到饲料和饮到水，以缓解转群应激。

入笼时，把过小的鸡装在温度较高、阳光充足的南侧中层笼内，适当提高日粮营养含量或增加喂料量，促进其生长发育。

5. 免疫接种

开产前要进行最后一次免疫接种，这次免疫接种对预防产蛋期疫病发生有重大关系。要按免疫程序进行。疫苗来源可靠，质量有保证，保存良好，接种途径适当，接种量准确，接种确切，接种后最好检测抗体水平，检查接种效果，保证鸡体有足够抗体水平来防御疫病发生。

6. 驱虫

开产前做好驱虫工作。100～120日龄，每千克体重用左旋咪唑20～40毫克或哌嗪200～300毫克拌料，每天1次，连用2天驱蛔虫；每千克体重用硫氯酚100～120毫克拌料，每天1次，连用2天驱绦虫；球虫污染严重时，上笼后连用抗球虫药5～7天。

四、产蛋鸡的饲养

1. 产蛋前期（17～28周龄）

产蛋率上升快，营养很关键。蛋鸡自由采食，但给料量也要适宜，保证每天吃饱吃净，这样既保证鸡群有旺盛的食欲，又避免饲料浪费。每天饲喂2次，自由饮水。

16～18 周龄是体内骨骼沉积钙能力最强的时候。17 周龄开始换上预产期饲料，把日粮中的钙含量由 0.9% 提高到 2.5% ～3%，使鸡体内沉积较多钙，为前期产蛋做准备，避免开产后发生产蛋疲劳症。产蛋率达到 20% 左右时换上高产蛋鸡日粮。饲料更换要有过渡期。

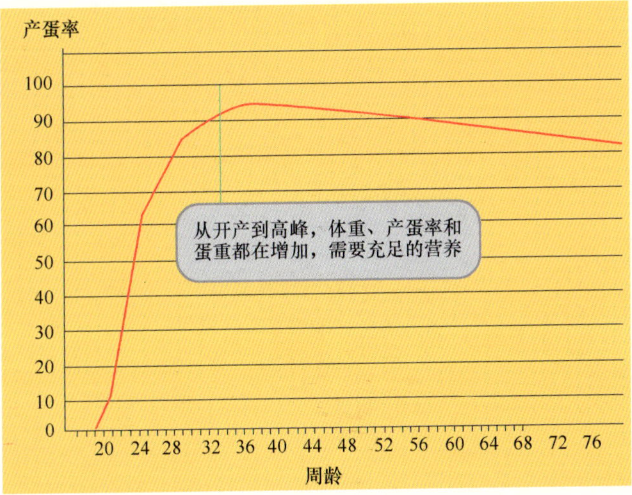

从开产到高峰至关重要，如果营养跟不上、饮水不足、产生疾病或遭受应激会严重影响曲线上升。

2. 产蛋高峰期饲养（29～45 周龄）

饲喂高峰期全价日粮，每天饲喂 2 次，喂料时料槽中的料要均匀。鸡的采食量与日粮的能量水平、鸡群健康、环境条件和喂料方法等因素有关。喂料量要适宜，保证鸡吃饱吃好，又不浪费饲料。喂料量的多少应根据鸡群的采食情况来确定。

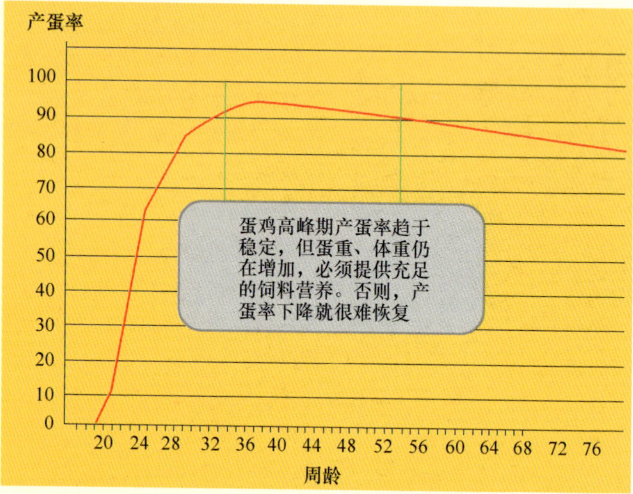

为保证营养供给，每天早上检查料槽。如果槽底有很薄的料末，说明前一天的喂料量是适宜的；如果槽底很干净，说明喂料量不足；如果槽底有余料，说明喂料量多。

利用探索性增料技术。鸡群产蛋率上升到一定高度不再上升时，为了检验是否由于营养供应问题而影响产蛋率上升，可以采用探索性增料技术来促使产蛋率上升。具体操作是：每只鸡增加 2 ~ 3 克饲料，饲喂 1 周，观察产蛋率是否上升。如果没有上升，说明不是营养问题，恢复到原先的喂料量；如果上升，再增加 1 ~ 2 克料，再观察 1 周，产蛋率不上升，停止增加饲料。经过几次增料试探，可以保证鸡群不会因为营养问题而影响产蛋率上升。

产蛋前期和高峰期自由采食，饲料添加高度为槽高的 1/3。

3. 产蛋后期的饲养（50 周龄 ~ 淘汰）

产蛋后期产蛋率下降、体重稳定，需要的营养物质减少，此时应该进行限制饲养。通过限制饲养减少饲料消耗，降低蛋品生产成本。但在实际生产中，存在着不限制饲养和限制不适度的问题。为了适度地限制饲养，既不影响产蛋，又确实节约饲料，最好采用探索性减料技术。

探索性减料技术的具体操作是：在高峰期喂料量的基础上每只鸡减少 2 ~ 3 克料，观察 1 周，产蛋率正常时，可以再减 2 ~ 3 克，再观察 1 周，产蛋下降正常，可以再减料，如果下降幅度增大，应恢复到产蛋下降前的喂料量。这样在产蛋后期经过 3 ~ 5 次的探索调整喂料量，就可以达到适度限制饲养的目的。

产蛋后期，母鸡利用和沉积钙的能力降低，蛋壳变薄变脆，易破损。一方面要注意钙质、维生素 D 的补充，另一方面要及时捡出破蛋，并且要勤捡蛋。

4. 饮水

水对产蛋和健康有重要影响。产蛋高峰期不限水，饮用的水要洁净卫生。水温 13 ~ 18℃，冬季不低于 0℃，夏季不高于 27℃。饮水用具要勤清洗消毒。乳头式饮水器要定期逐个检查，防止不出水或漏水。

五、产蛋鸡的管理

1. 日常管理

（1）捡蛋 捡蛋次数影响鸡场蛋的破损率。

人工捡蛋，产蛋期间每天上午 11 点、下午 2 点和 6 点分别进行捡蛋。捡蛋时要将破蛋、软壳蛋、薄壳蛋、过大蛋等分类放置，以减少破蛋。

机械集蛋。鸡蛋由笼内滚入流蛋槽内，落到输送带上。分集蛋线的运转速度每分钟为1～2米，将蛋送入鸡蛋处理间。

（2）清粪 每天每只鸡要吃进100～120克的饲料，喝进200～400克的水，每只鸡每天的排粪量为100～120克，粪尿在舍内发酵分解会产生大量的有害气体。

要勤清粪，机械清粪每天1次，人工清粪一般每2～3天清粪1次。

（3）卫生管理

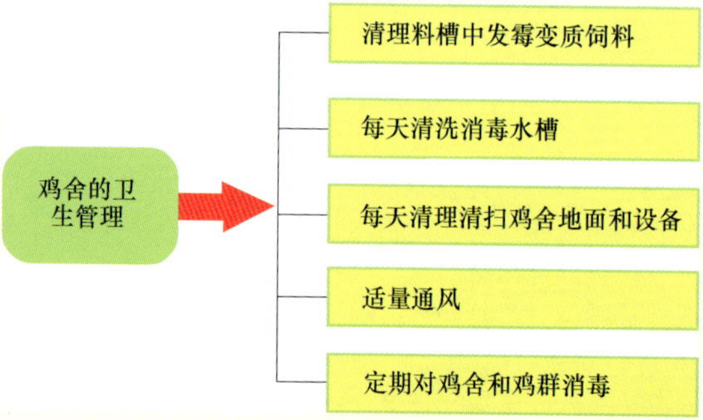

（4）及时淘汰低产鸡 有些病、弱残鸡，在转群上笼时由于没有及时淘汰，在产蛋期间，不产蛋或产蛋很少。在产蛋期内，由于

种种原因还会出现低产鸡、停产鸡和病弱鸡，这些鸡只吃料而不下蛋，直接影响鸡场的经济效益。一只不产蛋鸡可以消耗掉 5 ~ 7 只产蛋鸡创造的利润，一只低产鸡可以消耗掉 3 ~ 5 只高产鸡创造的利润。所以应经常观察，及时淘汰病弱残鸡和产蛋性能低的鸡（表 4-12）。

表 4-12 产蛋鸡、低产鸡及停产鸡的鉴别项目表

项目	产蛋鸡	低产鸡	停产鸡
头部、冠、肉髯	头大小适中，清秀，顶宽；冠和肉髯大而鲜红，丰满，温润	冠和肉髯小而皱缩，苍白，干燥	头粗大，过长或过短；冠和肉髯小而皱缩，干燥
腹部	容积大，柔软，富弹性	容积小，皱缩，无弹性	容积小，皱缩，无弹性
胸部	宽深，向前突出，胸骨长而直	窄浅，胸骨短而弯曲	发育欠佳，胸骨短而弯曲
两耻骨间距	间距大，可容 3 指以上	间距小，可容 3 指以下	间距小，可容 2 指以下
羽毛	陈旧，残缺不全	已换或正换	整齐新洁（已换羽）

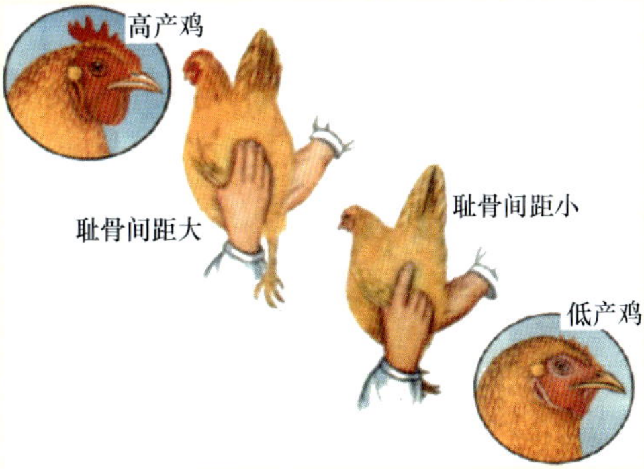

耻骨间距大小鉴定

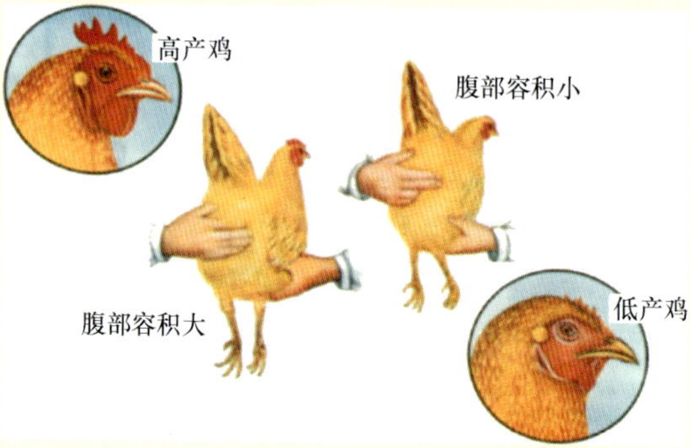

腹部大小鉴定

（5）注意观察鸡群 经常观察鸡群，掌握鸡群的健康及产蛋情况，若发现问题，及时采取措施。

1）观察精神状态。观察鸡的精神状态，及时挑出异常鸡，隔离饲养，如有死鸡，应送有关技术人员剖检，以便及时发现和控制病情。在清晨鸡舍开灯后观察较佳。

健康的母鸡站立时是挺拔的（左图），若蜷缩俯卧，则其体况不佳。如果一只鸡一只腿长时间站立，可能是因为胃痛（右图）；如果鸡用跗关节坐在地上，可能是缺钙。

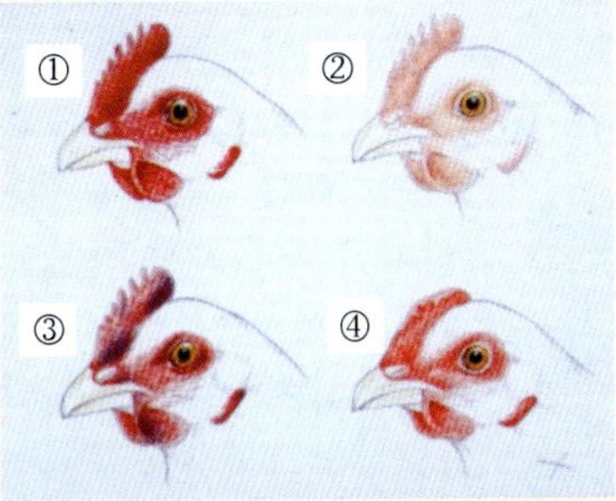

冠的变化

① 红冠。冠颜色鲜红，温暖湿润，鸡体健康。

② 冠色苍白。肠道机能失调或内脏出血。

③ 冠蓝。大肠杆菌感染或病毒性疾病。

④ 冠萎缩。停产鸡或内脏有肿瘤、凝固的卵黄等。

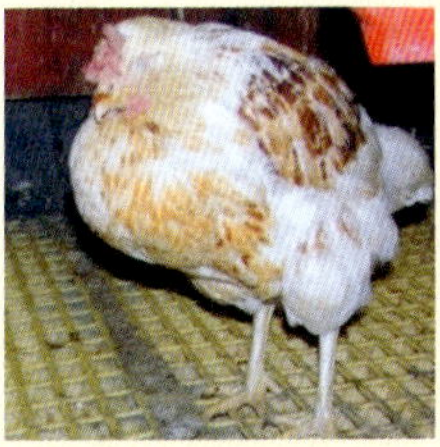

病鸡蜷缩、闭眼、羽毛蓬松

病鸡蜷缩在鸡笼底部，鸡冠苍白

病鸡将自己藏起来

2）观察采食和粪便。鸡体健康、产蛋正常的成年鸡群，每天的采食量和粪便颜色比较恒定，如果发现剩料过多、鸡群采食量不够、粪便异常等情况，应及时报告技术人员，查出问题出现的原因，并采取相应措施解决。

左：正常的小肠粪。比较干燥，上面覆盖有白色尿酸盐；右：正常的盲肠粪。比较有光泽，糊状，深绿或深褐色。粪便不正常表现：呈现白色乳样，绿色、黄色、橘红色或血便，以及粪便不够结实、太稀、起泡，含有饲料成分或饲料颜色（消化不良）。

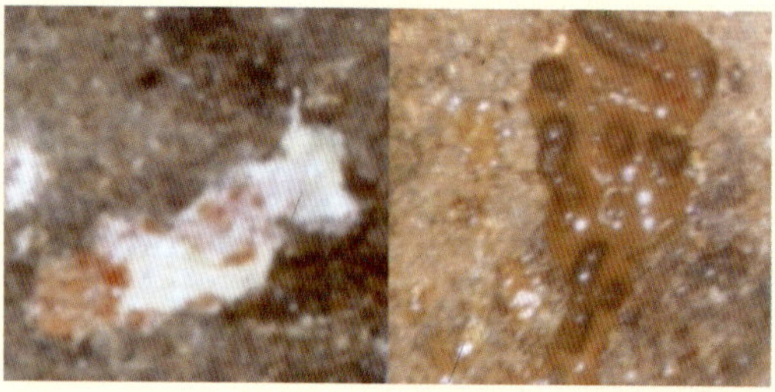

左：小肠异常的粪便；右：盲肠异常的粪便。

粪便中的鲜血来源于肠道，鸡粪带血说明鸡群盲肠感染急性球虫病。

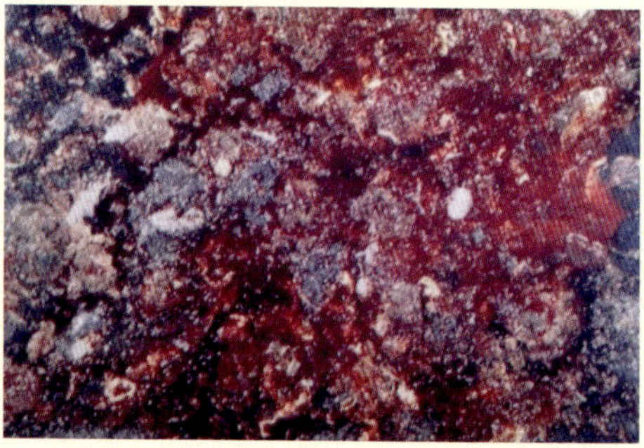

3）观察产蛋情况。加强对鸡群产蛋数量、蛋壳质量、蛋的形状及内部质量等方面的观察，可以掌握鸡群的健康状态和生产情况。鸡群的健康和饲养管理出现问题，都会在产蛋方面有所表现。比如营养和饮水供给不足、环境条件骤然变化、发生疾病等都能引起产蛋下降和蛋的质量降低。

脊状蛋壳可能是产蛋时遭受应激

蛋壳上有血迹可能是因蛋太大或啄肛导致泄殖腔损伤

蛋上粪便可能是肠道疾病
导致母鸡排稀粪的结果

蛋锐端粗糙且较薄，说明繁殖器
官感染特殊的滑液囊支原体毒株

砂壳蛋可能是感染传
染性支气管炎病毒

畸形蛋是由母
鸡的遗传引起

左侧鸡蛋有钙
斑，原因较多

灰尘环是因鸡笼、产
蛋箱的灰尘引起

产蛋后期，蛋重较大，钙质供给不足时易发生。需及时调整饲料中的钙含量

蛋壳形成中，母鸡沉郁也会导致蛋壳破裂。多产生于蛋壳在傍晚开始形成时

蛋壳的变化及原因分析

4）观察呼吸道状态。夜间熄灯后，要仔细听鸡群的呼吸，观察有无异常。如有打呼噜、咳嗽、喷嚏及尖叫声，多为呼吸道疾病或其他传染病，应及时挑出隔离观察，防止扩大传染。

5）观察舍温变化。在早春及晚秋季节，气温变化较快，变化幅度大，昼夜温差大，对鸡群的产蛋影响也较大，因而应经常收听天气预报，并观察舍温变化。

6）观察其他。如有无啄癖，常见的有啄肛、啄羽、啄蛋、啄趾等，注意细心观察，发现啄癖鸡，尤其啄肛鸡，应及时挑出，分析发生啄癖的原因，及时采取防治措施。

因覆羽和绒羽的颜色不同，啄羽在褐壳蛋鸡中更明显。

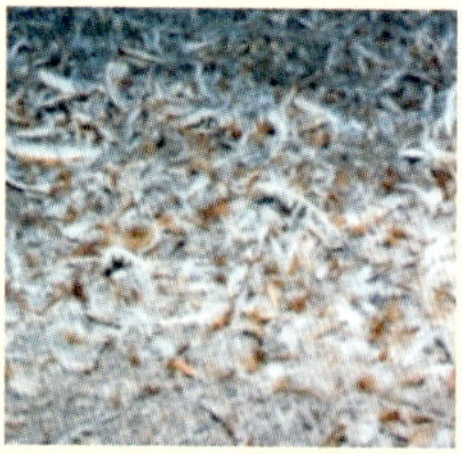
鸡每天都有羽毛掉落地上，如果地上羽毛消失，可能是被鸡吃掉了，应引起重视。

鸡群中其他鸡对死鸡很感兴趣，这容易诱发鸡的啄癖，应立即清理死鸡。

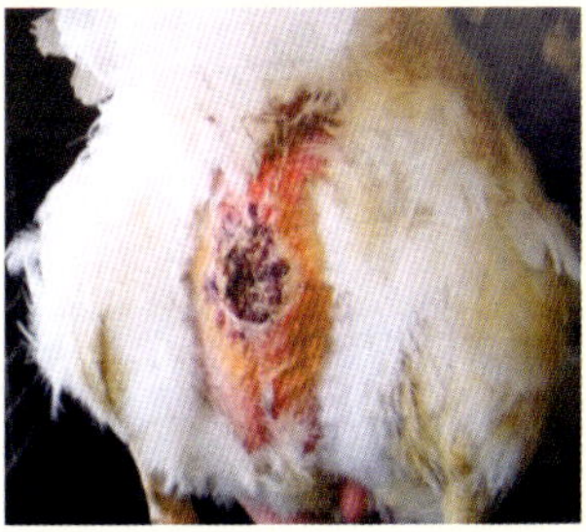

鸡群中会发生啄肛现象。开始比较轻微，但严重时可造成损伤和死亡。特别是白壳蛋鸡刚开始产蛋阶段，啄肛发生率较高。

（6）做好生产记录　要管理好鸡群，就必须做好鸡群的生产记录，因为生产记录反映了鸡群的实际生产动态和日常活动的各种情况。通过查看记录，可及时了解生产，正确地指导生产。为了便于记录和总结，可以使用周报表形式（表4-13）将生产情况直接填入表内。

表4-13　产蛋鸡群生产情况周报表

鸡种____　入舍数____　舍号____　周龄__21__　饲养员

日期	日龄	鸡存栏数	死亡淘汰数	产蛋个数	产蛋重量	产蛋率%	耗料	其他
	141							
	142							
	143							
	144							
	145							
	146							
	147							
本周产蛋总数			本周总蛋重			本周总耗料		
入舍产蛋率			平均蛋重			只鸡耗料		
饲养日产蛋率			只鸡产蛋重			料蛋比		

2. 季节管理

（1）夏季管理 夏季天气炎热，蚊虫多，鸡群易发生热应激，夏季管理重点是防暑降温。

1）淘汰无饲养价值的鸡。

2）防暑降温。具体方法：安装湿帘通风系统，喷水降温，喷淋、隔热降温。

3）科学饲养管理。

① 提高日粮营养含量。

② 添加脂肪。

③ 调整饲养管理程序。

④ 保证清洁饮水。

⑤ 减少应激。

⑥ 及时清粪。夏季鸡的饮水量多，粪便稀，舍内温度高，易发酵分解产生有害气体，使舍内空气污浊，因此要及时清粪。最好每天1次，保持舍内清洁干燥。

⑦ 勤捡蛋。舍温高，蛋壳薄脆、易破碎，增加捡蛋次数可降低破蛋率。夏天每天最少要捡蛋2次，捡蛋动作要轻稳。饲喂、匀料、巡视鸡群时随时捡出薄壳蛋软壳蛋和破损蛋，减少蛋的损失。

⑧ 防虫灭虫。夏季蚊蝇、库蠓、蜱和螨等害虫多，易传播疾病，要做好防虫灭虫工作。及时清理鸡舍内外所有污物，防止舍内供水系统和饮水器漏水，保持环境清洁干燥；粪便要远离鸡舍，可用塑料薄膜覆盖堆积发酵，以防蚊蝇滋生；定期喷洒对鸡危害小或无毒害的杀虫剂，可杀灭库蠓及螨等吸血昆虫，经处理过的纱窗能持续杀死库蠓和螨3周以上。用适量的溴氰菊酯溶液喷洒在鸡舍内外，可有效灭蝇。

4）减少饲料浪费。选择优质全价饲料，自己配料时应选择质量好的原料，劣质料会影响饲料的转化率，提高死亡淘汰率；炎热季节饲料易发生霉变，要采取措施防止各种原因引起的饲料霉败变质。喂料量要适宜，少喂勤添，每天要净槽，确保饮水器不漏水，防止饲料在槽内霉变酸败。饲料要新鲜，存放时间不易太长，配制的成品料存放不超过1周，以减少微量物质的破坏；饲料中添加酶制剂和微生态制剂有利于饲料的消化吸收。

5）搞好疾病防治。保持鸡舍、饮水用具和饲喂用具清洁。进入鸡舍的人员和设备用具要消毒；对环境、饮水用具和饲喂用具定期消毒；夏天炎热时每天带鸡消毒，选用高效、低毒、无害的消毒剂，既可沉降舍内尘埃，杀灭病原微生物，又可降低舍内温度；夏天每隔一个月在饲料中加抑制和杀灭大肠杆菌和沙门氏菌及治疗肠炎的抗生素3~5天，能有效降低死亡淘汰率，提高生产性能；每千克饲料中加入30~50毫克复方泰灭净或1克乙胺嘧啶，能有效预防鸡白细胞虫病的发生。

（2）冬季管理 冬季温度低，管理重点是防寒保温，同时要注意通风。

1）防寒保温。产蛋鸡怕热不怕冷，但温度较低时会增加饲料消耗，所以冬季要注意防寒保暖。

① 减少鸡舍散热量。冬季用塑料布封闭敞开部分，北墙窗户可用双层塑料布封严；鸡舍的门上最好挂上棉帘或草帘；屋顶用塑料薄膜制作简易天花板。密闭舍在保证舍内空气新鲜的前提下尽量减少通风量。

② 防止冷风吹袭鸡体和鸡体淋湿。冬季到来前要检修好鸡舍，堵塞缝隙，进出气口加设挡板，出粪口安装插板，防止冷风对鸡体的侵袭。要经常检修饮水系统，避免水管、饮水器或水槽漏水而淋湿鸡的羽毛和料槽中的饲料。

③ 采暖。

2）科学的饲养管理。

① 调整日粮营养含量。冬季外界温度低，鸡体对维持需要的能量增多，必须增加饲料中的能量含量，使其达到11.72%~12.35%，蛋白质保持15%~16%，钙含量为3%~3.4%。产蛋后期的鸡可适量使用麸皮和少量米糠。

② 调整饲喂程序。早上开灯后要尽快喂鸡，晚上关灯前要尽量把鸡喂饱，缩短产蛋鸡寒夜的空腹时间，缓解冷应激。

③ 保证洁净饮水。寒冷季节鸡的饮水量会减少，但断水也能影响鸡的产蛋。饮用水不过冷、不结冰，水质良好，清洁卫生。有条

件的可饮用温水或刚抽出的深井水。

④ 按时清粪。冬季粪便发酵分解虽然缓慢，但由于鸡舍密封严密，舍内有害气体易超标，使空气污浊，因此要按时清粪，每2~3天要清粪1次。

⑤ 排水防潮。冬季鸡舍密封严密，换气量小，舍内易潮湿，要做好鸡舍排水防潮工作。保证排水系统畅通，及时排除舍内污水；饮水系统不漏水；进行适量通风，驱除舍内多余的水汽。

⑥ 适时通风。在保温前提下应注意通风，特别要处理好通风和保温的关系。

⑦ 淘汰劣质鸡。为保证鸡群健康和较高的生产性能，要淘汰停产鸡、低产鸡、伤残鸡、瘦弱鸡和有严重恶癖的劣质鸡，降低饲养成本，提高效益。

⑧ 适当并群。产蛋后期的鸡群死亡淘汰得过多，舍内鸡只过少时，可适当并笼，提高饲养密度。并笼易引起鸡只应激和打斗，一般不应并笼。非并不可时要在晚上进行，将原笼放入鸡舍，细致观察，避免打斗。

3）搞好疾病防治。冬季鸡舍密封严密，空气流通差，氧气不足，有害气体大量积留，对鸡是一种强烈应激，而且长时间作用还会损伤鸡的呼吸道黏膜；气候干燥，舍内尘埃增多，鸡吸入尘埃也能严重损伤鸡的呼吸道黏膜；另外，病原微生物在低温条件下存活时间长，所以鸡在冬季易流行呼吸道疾病，必须做好疾病的综合防治。

① 清洁卫生。饮水、饲喂用具每周要清洗消毒1次。适量通风，保持舍内空气新鲜，避免有害气体超标。保持舍内墙壁、天花板、光照系统、饲喂走道和鸡场环境清洁卫生。做好鸡舍灭鼠工作，防止鼠污染饲料和带进疫病。

② 彻底消毒。进入鸡舍的人员要消毒；对环境和设备用具定期消毒；每周带鸡消毒1~2次；饮用水也要消毒，菌毒净和百毒灵在蛋和肉中无残留，可放入饮水中消毒，但药物含量要准确。

③ 合理使用药物和添加剂。

◇ 每隔3个月可在饲料中添加中药制剂如强力呼吸清、支喉康、清瘟败毒散等，连喂3~5天，预防呼吸道病的发生。饲料中加入抗应激剂，减少应激反应，增强机体抵抗力。饲喂一些强力鱼肝油（粉）有利于保护黏膜完好。

◇ 使用除臭剂。饲料中添加沸石、丝兰属植物提取物等，降低鸡舍内的有害气体含量。

④ 免疫接种。冬季易发生新城疫、喉气管炎、支气管炎、禽流感等病毒性传染病，入冬前要加强免疫接种1次，新城疫弱毒苗3~4倍量饮水，禽流感双价油乳剂灭活苗注射0.5毫升。

3. 发病鸡群的管理

鸡群发病后，不仅要及时诊断治疗，而且要加强管理，否则，鸡病愈时间延长，甚至会继发其他疾病，严重影响鸡的生产性能。发病鸡群管理要点如下。

（1）隔离病鸡，尽快确诊 鸡群发病初期，要把个别病鸡隔离饲养，并注意认真观察大群鸡的表现，以协助诊断。对隔离病鸡及时进行剖检诊断，必要时送实验室进行鉴定，以尽快确诊，避免无的放矢、盲目用药。

（2）加强饲养，恢复鸡群抵抗力

1）增加日粮中多维素和微量元素的用量。维生素和微量元素按常规添加量，可以基本满足鸡体的需要，但鸡群发病后，一方面由于采食量减少，摄入减少，另一方面鸡发病后，对维生素和微量元素的需要量会增加，这样需要量与摄入量不能保持平衡，因此必须提高日粮中维生素和微量元素的含量，维生素用量可增加1~2倍，微量元素用量可增加1倍，避免对生产造成影响。

2）缓解应激。发病时，鸡群防御能力降低，对环境适应力也差，相对应激原增加，从而加重病情，延迟病愈，因此，鸡发病后，积极治疗的同时，应使用抗应激药物，以提高鸡体抗应激能力，缓解应激。由于鸡群采食量减少，可在饮水中加入速补-14、速补-18、延胡索酸、刺五加或维生素C等。

3）加强营养。鸡群发病后，由于采食量大幅度下降，营养摄取量大大减少，体能消耗严重，鸡体将迅速消瘦，体质衰弱，此时可在饮水中加入5%的牛乳或5%~8%的糖（白糖、红糖、葡萄糖等），以防止鸡过度衰弱。

（3）保持适宜的环境条件 鸡群发病后，环境温度要适宜，夏季温度不宜过高，冬季可提高舍内温度，使舍温保持在10℃以上；病鸡舍要注意通风换气，保持舍内空气新鲜，以免硫化氢等有害气体超标；尽量减少噪声，保持病鸡舍安静，以减少各种有害因素的刺激。

（4）加强环境消毒 鸡群发病后要加强环境消毒，以减少病原微生物的含量，防止重复感染和继发感染。

1）对鸡舍和鸡场环境用火碱、过氧乙酸或复合型消毒剂等反复消毒，同时对饲喂及饮水用具也要全面清洁消毒。

2）发病期间，要加强带鸡消毒，选择高效、低毒、广谱、无刺激和腐蚀性的消毒剂。在冬季还要注意稀释消毒剂的水应是35～40℃的温水。

3）发病后，水、料易被污染，应加强饮水消毒和拌料消毒，避免病原微生物从口腔进入鸡体。

（5）进行抗体检测 鸡群发病后，体质衰弱，影响抗体的产生或使抗体水平降低，因此病愈后要及时进行抗体检测，了解鸡群的安全状态，并根据检测结果进行必要的免疫接种，防止再次发生疫病。

（6）注意个别病鸡的护理 疫病发生后，除了进行大群治疗外，还要注意对个别病鸡的护理，减少死亡。具体做法是及时挑出病情严重的鸡只，隔离饲养，避免在笼内或圈内被踩死或压死，不采食者，应专门投喂食物和药物，增加营养和加强治疗。

（7）做好病死鸡的处理 发生疾病，特别是传染病时出现的病死鸡不要随便乱扔乱放，要放在指定地点，对死鸡进行无害化处理。

4. 低产鸡群的管理

由于多种原因，特别是疾病影响，生产中出现低产鸡群（特别是产蛋时间不长的鸡群），产蛋率低、产蛋量少、饲料转化率差，影响养殖效益。加强低产鸡群的管理，提高生产性能，可以增加收益。

（1）分析原因 对于低产鸡，要细致观察，全面了解，正确诊断，必要时可进行实验室检验，找出导致低产的原因，然后对症下药，采取措施，促进产蛋上升。

（2）保持适宜的环境条件 舍内温度保持在10～30℃，光照时间15.5～16小时，光照强度增加到15～20勒克斯。工作程序要稳定，工作人员要固定，光照方案要恒定，以减少应激的发生。

（3）供给充足营养 低产鸡群代谢机能差，食欲不强，要加强饲养，供给充足营养，特别是采食量过少的鸡群，更应注意。

1）每天让鸡把料槽中的饲料吃净。因鸡采食量少，饲喂者想让鸡多吃料，于是就多添料，料槽中经常有多余的饲料，结果反而影响鸡的食欲。应让鸡每天把槽内料吃完，使鸡经常保持旺盛的食欲，避免料槽内长期剩料而使饲料变味，造成浪费。

2）保证饲料质量优良。营养要平衡充足，必要时应提高日粮中各营养成分水平，尤其对于开产初期和高峰期处于炎热季节的鸡群，因受环境温度影响采食量过少，摄取的营养物质严重不足。提高日粮营养含量，适当增加维生素、微量元素、甲硫氨酸和赖氨酸的用量，有利于产蛋率上升。

3）增强鸡的食欲。在饮水中加入醋，1份醋加入10～20份水，让鸡自由饮用，连饮5～7天，有助于增强食欲，提高抗病力；每千克饲料中加入土霉素1克、维生素B_{12}片剂10片，维生素C片剂10片，维生素E0.2克，连用5～7天，有利于帮助消化吸收，增强食欲，增加采食量，提高产蛋率。

4）使用增蛋剂。可在饲料中添加一些促进产蛋的添加剂，帮助恢复卵巢和输卵管功能，促进产蛋上升。

（4）多次淘汰 对于产蛋率长期不上升的低产鸡群应予以淘汰。但低产鸡群停产鸡少，低产鸡较多。全群淘汰，特别是对产蛋时间短的鸡群，损失太大，部分淘汰又不易挑选。按常规外貌观察和触摸方法淘汰会出现挑不出淘汰鸡或淘汰1次产蛋减少1次的情况，挑选难度大。可采用“记摸”淘汰法（每天下午收集鸡蛋前在料槽上记录每个笼格鸡的产蛋数，连续记录3天，根据产蛋数，在第四天早上6～7点触摸产蛋少的笼格内的母鸡下腹部，挑出子宫内没有鸡蛋的母鸡，予以淘汰）进行多次淘汰，挑出低产鸡。

第五章

蛋鸡的疾病防治

第一节 蛋鸡疾病的综合防治措施

综合防制措施主要包括卫生、消毒、增强抵抗力、免疫接种和药物防治。

一、加强卫生管理

1. 做好隔离

（1）选好场址并合理规划布局

鸡场要远离市区、村庄和居民点，远离屠宰场、畜产品加工厂等污染源，周围有林地、河流、山川等作为天然屏障。

根据地势和主导风向分区规划。不同日龄鸡分别养在不同区域，并相互隔离。各区之间可绿化或用隔离墙隔离，避免各区人员互串；鸡舍之间要保持一定间距。

（2）鸡场隔离

1）车辆和循环使用的集蛋箱、蛋盘进入鸡场前应彻底消毒，以防带入疾病。最好使用一次性集蛋箱和蛋盘。

蛋鸡养殖场大门口的车辆消毒设施。进入场区的车辆要进行车轮消毒和车体喷雾消毒。

2）鸡场谢绝人员参观，不可避免时，应严格按防疫要求消毒后方可进入。

3）禁止其他养殖户、鸡蛋收购商和收购死鸡的人员进入鸡场，病鸡和死鸡经疾病诊断后应深埋，并做好消毒工作。

病死鸡严禁销售和随处乱丢。禁止收购病死鸡的人员和车辆进入鸡场。

饲养人员工作前要对手部进行清洗和消毒。

蛋鸡养殖场周围有围墙。饲料塔设置在鸡场围墙的内侧，饲料可以通过饲料车直接注入饲料塔内，车辆不用进入鸡场。

（3）采用全进全出的饲养制度 全进全出制度使得鸡场能够做到净场和充分的消毒，切断了疾病传播的途径，从而避免患病鸡只或病原携带者将病原传染给日龄较小的鸡群。

（4）到洁净的种鸡场订购雏鸡 种鸡场污染严重，引种时也会带来病原微生物，特别是我国现阶段种鸡场过多过烂，管理不善，净化不严，更应引起高度重视。

到环境条件好、管理严格、净化彻底、信誉度高、有种畜种禽经营许可证的种鸡场订购雏鸡，避免引种带来污染。

2. 搞好卫生

（1）保持鸡舍和鸡舍周围环境卫生

1）及时清理鸡舍的污物、污水和垃圾，定期打扫鸡舍顶棚和设备用具的灰尘，每天进行适量的通风，保持鸡舍清洁卫生。

2）不在鸡舍周围和道路上堆放废弃物和垃圾。

（2）保持饲料和饮水卫生

1）饲料不霉变、不被病原污染，饲喂用具勤清洁消毒。

2）饮用水符合卫生标准（人可以饮用的水，鸡也可以饮用），水质良好，饮水用具要清洁，饮水系统要定期消毒。

（3）废弃物要进行无害化处理

（4）防害灭鼠

二、增强机体抵抗力

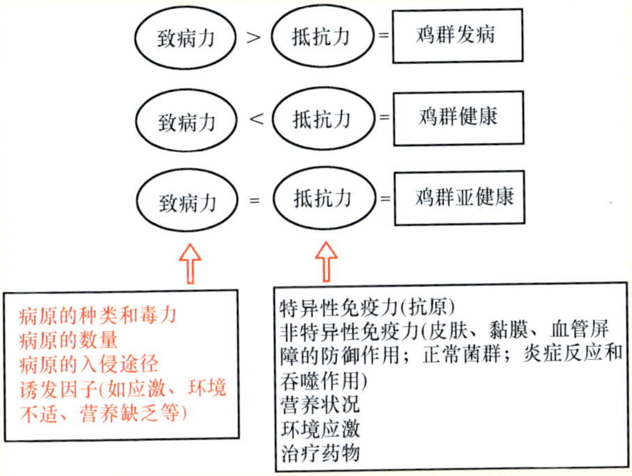

疾病的发生是致病力和抵抗力之间的较量。抵抗力如果强于致病力，就不会引发疾病。

增强鸡体抵抗力的管理措施

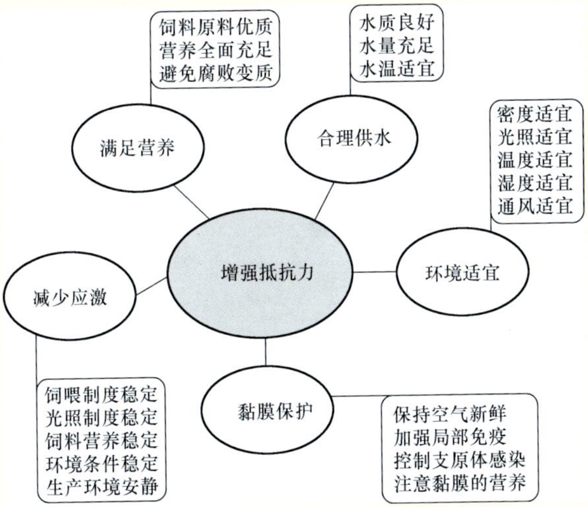

三、消　毒

鸡场消毒就是将养殖环境、养殖器具、动物体表、进入的人员或物品、动物产品等存在的微生物全部或部分杀灭或清除掉。消毒的目的在于消灭被病原微生物污染的场内环境、畜体表面及设备器具上的病原体，切断传播途径，防止疾病的发生或蔓延。

1. 消毒的方法

（1）机械性清除

1）用清扫、铲刮、冲洗等机械方法清除降尘、污物及沾染的墙壁、地面及设备上的粪尿、残余的饲料、废物、垃圾等，这样可除掉 70% 的病原，并为药物消毒创造条件。

使用高压水冲洗地面、墙壁、设备等的污浊物，减少其微生物数量。

2）适当通风，特别是在冬季和春季，可在短时间内迅速降低舍内病原微生物的数量，加快舍内水分蒸发，保持干燥，可使除芽孢、虫卵以外的病原失活，起到消毒作用。

（2）物理消毒法

1）紫外线。利用太阳中的紫外线或安装波长为 280 ~ 240 纳米的紫外线灭菌等可以杀灭病原微生物。一般病毒和非芽孢的菌体，在阳光直射下，只需要几分钟到 1 小时就能被杀死。即使是抵抗力很强的芽孢，在连续几天的强烈阳光下反复暴晒也可变弱或被杀死。利用阳光消毒运动场及移出舍外的、已清洗的设备与用具等，既经济又简便。

紫外线灯

2）高温。高温消毒主要有火焰、煮沸与蒸汽等几种形式。

利用酒精喷灯的火焰杀灭地面、耐高温的网面上的病原微生物，但不能对塑料、木制品和其他易燃物品使用此种方法进行消毒。消毒时应注意防火。另外对有些耐高温的芽孢（破伤风梭状芽孢、炭疽杆芽孢菌），使用火焰喷射靠短暂高温来消毒，效果难以保证。

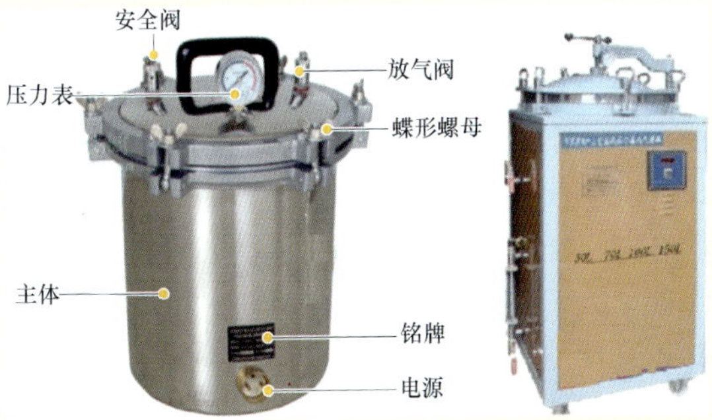

可利用蒸汽进行灭菌，设备主要有手提式下排气式压力蒸汽灭菌锅（左）和高压灭菌器（右）。

（3）化学药物消毒法 利用化学药物杀灭病原微生物以达到预防感染和传染病的传播和流行。使用的化学药品称化学消毒剂，此法在养鸡生产中是最常用的方法。

（4）生物消毒法 利用生物技术将病原微生物杀灭或清除。

如粪便的堆积进行需氧或厌氧发酵，产生一定的高温，可以杀死粪便中的病原微生物。

2. 化学消毒剂的使用方法

(1)浸泡法 主要用于消毒器械、用具和衣物等。一般洗涤干净后再行浸泡，药液要浸过物体，浸泡时间以长些为好，水温以高些为好。在鸡舍进门处消毒槽内，可用浸泡药物的草垫或草袋对人员的靴鞋消毒。

(2)喷洒法 喷洒地面、墙壁、舍内固定设备等，可用细眼喷壶；对舍内空间消毒，则用喷雾器。喷洒要全面，药液要喷到物体的各个部位。

(3)熏蒸法 适用于可以密闭的鸡舍。这种方法简便、省事，对房屋结构无损，消毒全面，鸡场常用。常用的药物有福尔马林(40%的甲醛水溶液)、过氧乙酸水溶液。为了加速蒸发，常利用高锰酸钾的氧化作用。

(4)气雾法 气雾粒子是悬浮在空气中的气体与液体的微粒，直径小于200纳米，分子量极轻，能悬浮在空气中较长时间，可到处漂移，穿透到畜舍内的周围及空隙处。气雾是消毒液进到气雾发生器后喷射出的雾状微粒，是消灭气携病原微生物的理想办法。全面消毒鸡舍空间，每立方米用5%的过氧乙酸溶液2.5毫升喷雾。

3. 常用的化学消毒剂(表5-1)

表5-1 常用的化学消毒剂特性表

类型	概述	机制	产品	效果
含氯消毒剂	含氯消毒剂是指在水中能产生具有杀菌作用的活性的次氯酸的一类消毒剂，包括有机含氯消毒剂和无机含氯消毒剂	氧化作用(氧化微生物细胞使其丧失生物学活性)；氯化作用(与微生物蛋白质形成氮氯复合物而干扰细胞代谢)；新生态氧的杀菌作用(次氯酸分解出具极强氧化性的新生态氧杀灭微生物)	优氯净、强力消毒净、速效净、消洗液、消佳净、84消毒液、二氯异氰尿酸和三氯异氰尿酸复方制剂	杀灭肠杆菌、肠球菌、结核分枝杆菌、金色葡萄球菌，对新城疫、法氏囊病有效果

（续）

类型	概述	机制	产品	效果
氧化剂类	氧化剂是一些含不稳定结合态氧的化合物	分解后产生的各种自由基，如巯基、活性氧衍生物等破坏微生物的通透性屏障、蛋白质、氨基酸、酶和DNA等最终导致微生物死亡	过氧化氢（双氧水）、臭氧（三原子氧）、高锰酸钾	过氧化氢可快速灭活多种微生物。过氧乙酸可杀灭多种细菌；臭氧可杀灭细菌繁殖体、病毒真菌和枯草杆菌黑色变种芽孢及原虫和虫卵
醛类消毒剂	醛类消毒剂是使用最早的一类化学消毒剂，包括甲醛和戊二醛	可与菌体蛋白质中的氨基结合，使其变性或使蛋白质分子烷基化，与细胞壁脂蛋白发生交联、与细胞磷壁酸中的酯联残基形成侧链，封闭细胞壁，阻碍微生物对营养物质的吸收和废物的排出	戊二醛、甲醛、丁二醛、乙二醛和复合制剂	杀灭细菌、芽孢、真菌和病毒
碘伏消毒剂	包括碘及以碘为主要成分制成的各种制剂	碘的正离子与酶系统中蛋白质的氨基酸起亲电取代反应，使蛋白质失活；碘的正离子具氧化性，能氧化膜联酶中的硫氢基，成为二硫键，破坏酶的活性	强力碘、威力碘、PVPI、89-I型消毒剂、喷雾灵	杀死细菌、真菌、芽孢、病毒、结核杆菌、阴道毛滴虫、梅毒螺旋体、沙眼衣原体、艾滋病病毒和藻类

（续）

类型	概述	机制	产品	效果
表面活性剂	表面活性剂又称清洁剂或除污剂。生产中常用阳离子表面活性剂，其抗菌广谱，对细菌、真菌和病毒均具有杀灭作用	吸附到菌体表面，改变细胞渗透性，溶解损伤细胞，使菌体破裂，胞内容物外流；表面活性物在菌体表面浓集，阻碍细菌代谢，使细胞结构紊乱；渗透到菌体内使蛋白质发生变性和沉淀；破坏细菌酶系统	新洁尔灭、度米芬、百毒杀、凯威1210、K安、消毒净	对各种细菌有效，对常见病毒如马立克氏病毒、新城疫病毒、猪瘟病毒、法氏囊病毒、口蹄疫病毒均有良好的效果。对无囊膜病毒消毒效果不好
复合酚类	含酚41%～49%、醋酸22%～26%的复合酚制剂，是我国生产的一种新型、广谱、高效消毒剂	它通过使微生物原浆蛋白质变性，沉淀或使氧化酶、去氢酶、催化酶失去活性而产生杀菌或抑菌作用	菌毒敌、消毒灵、农乐、畜禽安、杀特灵等	对细菌、真菌和带膜病毒具有灭活作用。对多种寄生虫卵也有一定杀灭作用。对人畜有毒，且气味滞留，常用于空舍消毒
其他消毒剂	醇类消毒剂	使蛋白质变性沉淀；快速渗透，通过细菌胞壁进入菌体内，溶解破坏细菌细胞；抑制细菌酶系统，阻碍细菌正常代谢	乙醇、异丙醇	可快速杀灭多种微生物，如细菌繁殖体、真菌和多种病毒，但不能杀灭细菌芽孢
	双胍类消毒剂	破坏细胞膜；抑制细菌酶系统；直接凝集细胞质	氯己定	广谱抑菌作用，对细菌繁殖体杀灭作用强，但不能杀灭芽孢、真菌和病毒

（续）

类型	概述	机制	产品	效果
其他消毒剂	强碱	由于氢氧根离子可以水解蛋白质和核酸，使微生物结构和酶系统受到损害，同时可分解菌体中的糖类而杀灭细菌和病毒	氢氧化钠、氢氧化钾、生石灰	可杀灭细菌、病毒和真菌，腐蚀性强
	重金属类	重金属指汞、银、锌等，其盐类化合物能与细菌蛋白结合，使蛋白质沉淀而发挥杀菌作用	硫柳汞	高浓度可杀菌，低浓度时仅有抑菌作用
	高效复合消毒剂	首先分解或穿透覆盖病原微生物表面的异物，然后非特异性地诱导微生物运动，吸引和包裹病原，借助其通透能力溶解病原细胞的胞膜、胞壁或病毒囊膜，或与病原细胞某分子结合	高迪-HB（由多种季铵盐、络合盐、戊二醛、非离子表面活性剂、增效剂和稳定剂）	消毒杀菌作用广谱高效，对各种病原微生物有强大的杀灭作用；作用机制完善；超常稳定；使用安全，应用广泛

4. 鸡场的消毒程序

（1）场区入口的消毒　场区入口设置车辆消毒池和人员消毒室。消毒池内的消毒液可以使用消毒作用时间长的复合酚类和氢氧化钠（3%～5%的溶液），最好再设置喷雾消毒装置，喷雾消毒液可用1∶1000的氯制剂；人员消毒室设置淋浴装置、熏蒸衣柜和场区工作服，进入人员必须淋浴，换上清洁消毒好的工作衣帽和靴后方可进入，工作服不准穿出生产区，并定期更换清洗消毒。进入场区的所有物品、用具都要消毒。

（2）日常消毒　工作人员进入鸡舍和饲喂前都要进行消毒。

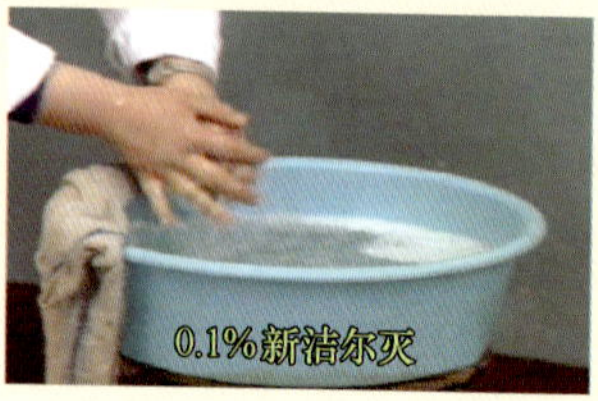

工作人员工作前要洗手消毒。消毒后30分钟内不要用清水洗手。

场区及鸡舍周围每周消毒1～2次，可以使用5%～8%的火碱溶液或5%的甲醛溶液进行喷洒。特别要注意鸡场道路和鸡舍周围的消毒。

发生疫情时的消毒措施

（3）鸡舍消毒　鸡淘汰或转群后，将鸡舍内可以移出的设备用具移到舍外进行清洁、消毒，然后对鸡舍进行彻底全面的消毒。

先清理鸡舍内的粪便、垃圾和污染物质。

清理后进行全面彻底的清扫。清扫顺序是屋顶—墙壁—设备—舍内地面。为减少粉尘，清扫前可以喷雾消毒药物。

清理、清扫后用高压水枪将鸡舍的屋顶、墙壁、可冲洗的设备及地面等舍内的角角落落冲洗干净，不留一点污浊物。

冲洗待干燥后用 5% ~8% 的火碱溶液喷洒地面、墙壁、屋顶、笼具、饲槽等 2 ~3 次，用清水洗刷饲槽和饮水器。其他不易用水冲洗和用火碱消毒的设备可以用其他消毒液涂搽。将移出的设备移入舍内安装好待用。

能封闭的鸡舍，最好用甲醛和高锰酸钾进行熏蒸消毒。每立方米空间用福尔马林 28 毫升，高锰酸钾 14 毫升（污染严重的鸡舍可用 42 毫升福尔马林和 21 克高锰酸钾）熏蒸 24 ~48 小时。

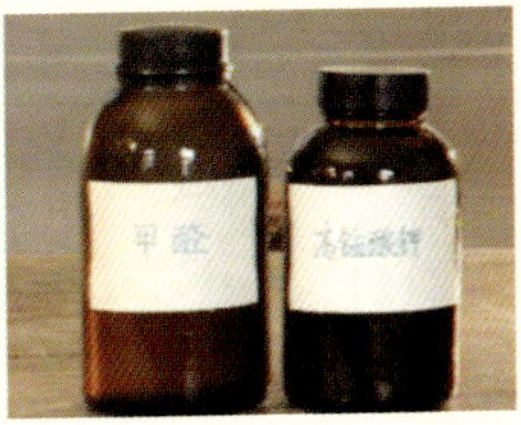

地面饲养时，进鸡前可以在地面撒1层新鲜的生石灰，对地面进行消毒，也有利于地面干燥。

（4）带鸡消毒 即在鸡舍有鸡时，用消毒药物对鸡舍进行消毒。带鸡消毒可以对鸡舍进行彻底的全面消毒，降低鸡舍空气中的粉尘和氨气，夏季有利于降温和减少热应激死亡。

平常每周带鸡消毒1~2次，发生疫病期间每天带鸡消毒1次。选用高效、低毒、广谱、无刺激性的消毒药（如0.3%的过氧乙酸或0.05%~0.1%的百毒杀等）。冬季寒冷，不要把鸡体喷得太湿，消毒药可以使用温水稀释。

四、免疫接种

免疫接种通常是使用疫苗和菌苗等生物制剂作为抗原接种于家禽体内，激发抗体产生特异性免疫力。

1. 疫苗的选择及使用

疫苗是将病毒（或细菌）减弱或灭活，使其失去原有致病性而仍具有良好的抗原性的用于预防传染病的一类生物制剂。接种动物后能产生主动免疫，产生特异性免疫力。

（1）疫苗种类及特点（表5-2）

表5-2　活疫苗和死疫苗的特点

种类	概　述	优　点	缺　点
活疫苗（弱毒苗）	将活的病毒或细菌毒力减弱或丧失，并保持良好的免疫原性，用这种活的、变异的病原微生物制成的疫苗称为活疫苗。当其接种后进入鸡只体内，可以繁殖或感染细胞，既能增加相应抗原量，又可延长和加强抗原刺激作用	（1）产生免疫快 （2）免疫效力好 （3）免疫接种方法多 （4）免疫期长 （5）可用于紧急预防	（1）存在散毒和造成新疫源的问题。如鸡新城疫中等毒力活疫苗（系）、传染性喉气管炎活疫苗等 （2）某些弱毒活疫苗可以引起家禽发生免疫抑制，对其他抗原物质的免疫应答反应降低，如选用毒力较强的法氏囊中等毒力活疫苗可以引起雏鸡的法氏囊损伤而导致免疫抑制 （3）外源病毒污染。如使用非鸡胚生产的疫苗，不能很好地控制外源性病毒感染，尤其是经蛋传播的某些疾病，如禽白血病、鸡传染性贫血、网状内皮组织增生症等疾病病原，可以由于疫苗接种引起鸡群的感染 （4）弱毒活疫苗存在毒力返祖的潜在危险。如果研制的疫苗没有经过严格的科学检验，遗传性状不稳定，则会引起毒力返强，造成严重后果
死疫苗（灭活苗）	选用免疫原性强的细菌、病毒等人工方法培养后，用物理或化学方法将其灭活，使其丧失传染性、保留免疫原性而制成的疫苗称为死疫苗	（1）安全性好，不散毒；不存在返祖或返强现象 （2）便于运输和保存 （3）对母源抗体的干扰作用不敏感 （4）适于多毒株或多菌株制成的多价苗	（1）不能产生局部黏膜免疫 （2）引起细胞介导免疫能力较弱 （3）用量大，成本高 （4）免疫途径单一，必须注射 （5）需要免疫佐剂（凡能非特异地通过物理或化学方法与抗原结合而增强其特异免疫性的物质均称为免疫佐剂）来增强灭活苗的免疫反应 （6）由于灭活苗不能在体内增殖和复制，因而需要2～3周才能刺激机体产生免疫力 （7）生产周期长

（2）疫苗的选择和使用 疫苗的选择和使用会影响免疫效果，所以应选择优质疫苗并科学使用。

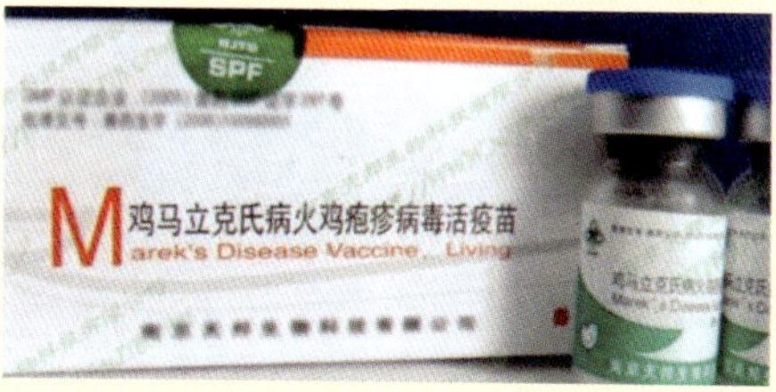

购买的疫苗应是国家指定的有生产批文的兽药生物制品生产单位经检验证明免疫性好的疫苗。不同生产单位生产的疫苗，免疫效果可能会有差异。

要检查疫苗外包装，要有瓶签和说明书，不过期，瓶完好无损，瓶塞不松动，瓶内疫苗性状与说明书一致时才能购买。

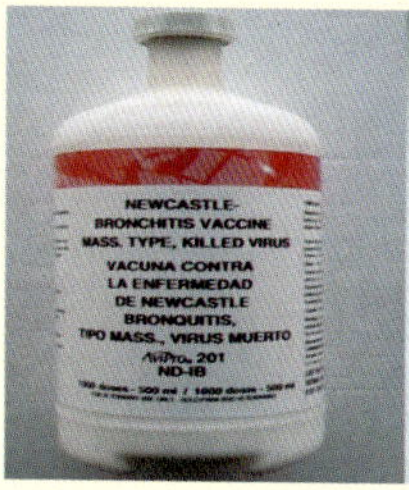

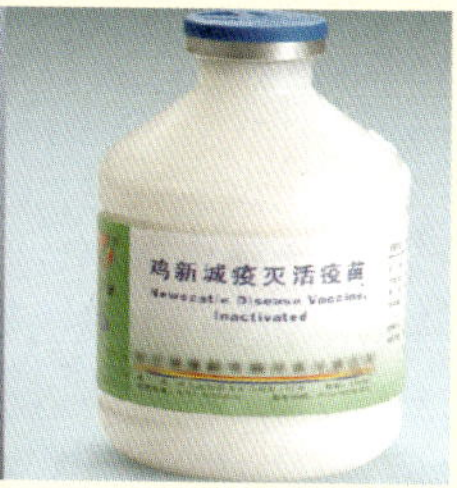

运输前妥善包装，防止碰破流失。运输中避免高温和日晒，应在低温下冷链运送。量大时用冷藏车运送，量小时用装有冰块的冷藏盒运送。

疫苗运达目的地后要尽快放入冰箱内保存，疫苗要摆放有序。活疫苗冷冻保存，灭活苗冷藏保存。疫苗要有专人负责，并登记造册，月底盘点。保证冰箱供电正常。

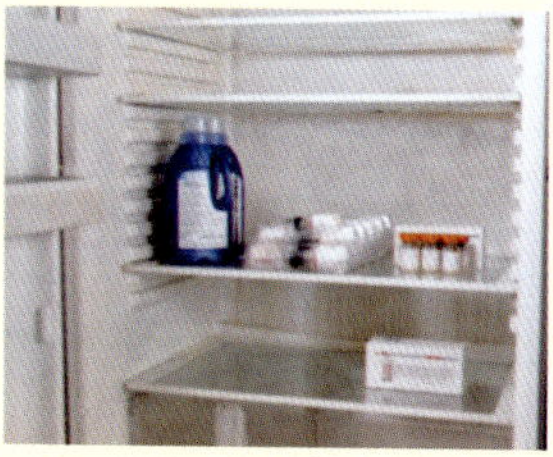

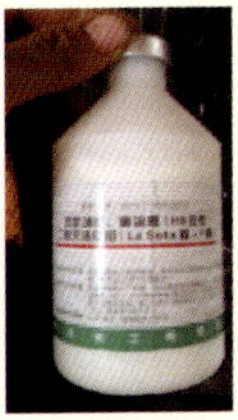

疫苗使用前要检查名称、有效期及剂量，封口是否严密、是否破损和吸湿等。无真空和潮解的疫苗禁用。瓶塞有松动、瓶有破裂的及药品的色泽和性状与说明不符的不得使用。

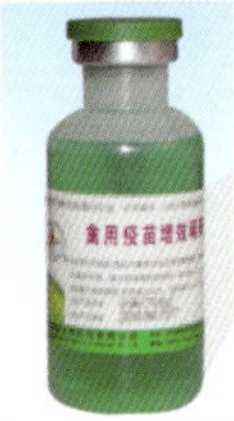

对需要特殊稀释的疫苗，应用指定的稀释液，如马立克氏病疫苗有专用稀释液。其他的疫苗一般可用生理盐水或蒸馏水稀释。

稀释过程中一般应分级进行，对疫苗瓶一般应用稀释液冲洗 2 ~ 3 次，疫苗放入稀释器皿中要上下振摇，力求稀释均匀；稀释好的疫苗应尽快用完，尚未使用的疫苗应放在冰箱或冰水桶中冷藏；对于液氮保存的马立克氏病疫苗的稀释，则应严格按生产厂家提供的操作程序执行。

2. 免疫接种方法及注意事项

（1）饮水免疫

1）特点。饮水免疫避免了逐只抓捉，可减少人工劳力和鸡群应激，但影响的因素较多，免疫效果不太确切。

2）操作方法。

将疫苗稀释于饮水中，让鸡饮用，获得需要的疫苗剂量。

3）注意事项。

① 选用高效的活毒疫苗。

② 稀释用水为凉开水或蒸馏水，水温要低。水中不应含有任何能灭活疫苗病毒或细菌的物质。

③ 饮水免疫期间，饲料中也不应含有能灭活疫苗病毒和细菌的药物。

④ 饮水中加入0.1%～0.3%的脱脂乳或山梨糖醇，以保护疫苗的效价。

⑤ 供给含疫苗的饮水之前2～4小时应停止饮水供应（视天气而定），可使每1只鸡在短时间均能摄入足够量的疫苗。

⑥ 稀释疫苗所用的水量应根据鸡的日龄及当时的室温来确定，使疫苗稀释液在1～2小时内全部被饮完。

⑦ 为使鸡群得到均匀的免疫效果，饮水器应充足，使鸡群的2/3以上的鸡只同时饮水。

⑧ 饮水器不得置于直射阳光下，如果风沙较大时，饮水器应全部放在室内。

⑨ 夏季天气炎热时，饮水免疫最好在早上完成。

（2）滴眼滴鼻

1）特点。操作得当，效果比较确实，尤其对一些预防呼吸道疾病的疫苗，免疫效果较好。但这种方法需要较多的劳力，对鸡也会造成一定应激，操作上如果稍有马虎，则往往达不到预期的效果。

2）操作方法

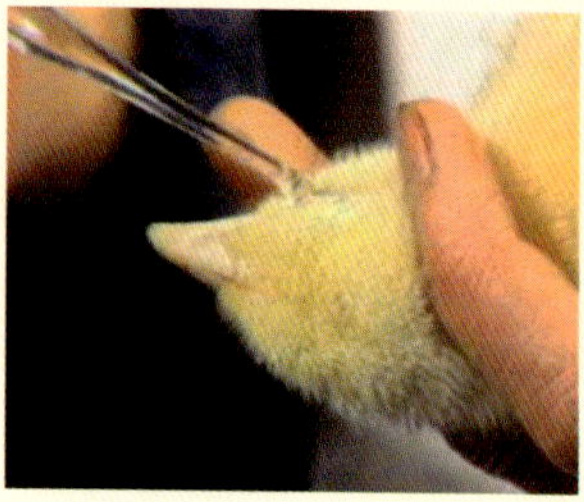

一手握鸡，一手拿滴管，用滴管吸取疫苗，滴入鸡的眼睛或鼻孔内1～2滴。在滴入疫苗之前，应把鸡的头颈水平摆放，在将疫苗液滴加到眼或鼻上以后，应稍停片刻，待疫苗液确已吸入后再将鸡轻轻放回地面。

3）注意事项

① 稀释液必须用蒸馏水或生理盐水，最低限度应用冷开水，不要随便加入抗生素。

② 稀释液的用量应尽量准确，最好根据自己所用的滴管或针头事先滴试，确定每毫升多少滴，然后再计算实际使用疫苗稀释液的用量。

③ 一次一手只能抓一只鸡，以保证疫苗被吸收。

④ 注意做好已接种和未接种鸡之间的隔离，以免走乱。

⑤ 最好在晚上接种，如果天气阴凉，也可在白天适当关闭门窗后，在稍暗的光线下抓鸡接种，以减少应激。

（3）肌内注射或皮下注射

1）特点。肌内注射或皮下注射免疫接种的剂量准确、效果确切，但耗费劳力较多，对鸡只应激较大。

2）操作方法。多采用连续注射器进行注射。

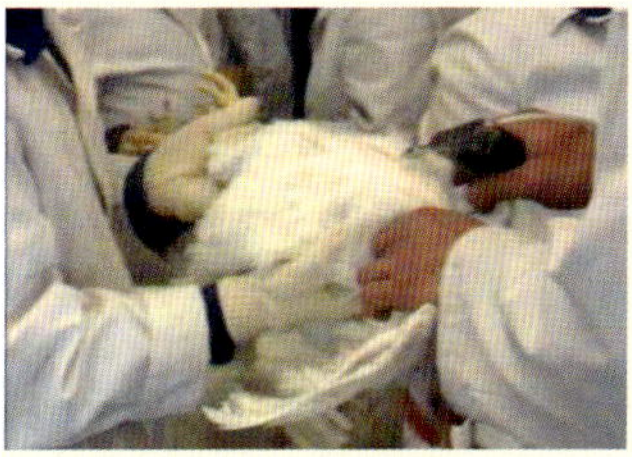

皮下注射的部位一般选在颈部背侧，肌内注射部位一般选在胸肌或肩关节附近的肌肉丰满处。颈部皮下注射时，针头方向应向后向下，针头方向与颈部纵轴基本平行。插入深度：雏鸡0.5～1.0厘米，成鸡1～2厘米；胸部肌内注射时，针头方向应与胸骨大致平行，插入深度：雏鸡0.5～1.0厘米，成鸡1～2厘米。在将疫苗液推入后，针头应慢慢拔出，以免疫苗液漏出。

3）注意事项

① 疫苗稀释液应是经消毒而无菌的，一般不要随便加入抗菌药物。

② 疫苗的稀释和注射量应适当，量太小则操作时误差较大，量

太大则操作麻烦，一般以每只鸡注射0.2~1.0毫升为宜。

③ 使用连续注射器注射时，应经常核对注射器刻度容量和实际容量之间的误差，以免实际注射量偏差太大。

④ 注射器及针头在使用前均应消毒。在注射过程中，应边注射边摇动疫苗瓶，力求疫苗均匀。

⑤ 在接种过程中，应先注射健康群，再接种假定健康群，最后接种有病的鸡群。

⑥ 关于是否一只鸡一个针头及注射部位是否消毒的问题，可根据实际情况而定。但吸取疫苗的针头和注射鸡的针头应绝对分开，尽量注意卫生，以防止经免疫注射而引起疾病的传播或引起接种部位的局部感染。

（4）气雾

1）特点。气雾免疫可节省大量的劳力，如果操作得当，效果甚好，尤其是对呼吸道有亲嗜性的疫苗效果更佳，但气雾也容易引起鸡群的应激，尤其容易激发慢性呼吸道病的暴发。

2）操作方法。使用气雾机进行气雾免疫。

将稀释好的疫苗放入气雾机内，对鸡群进行气雾免疫，使鸡呼吸到疫苗颗粒，以刺激鸡体获得抗体。

3）注意事项

① 气雾免疫前应对气雾机的各种性能进行测试，以确定雾滴的大小、稀释液用量、喷口与鸡群的距离（高度）、操作人员的行进速度等，以便在实施时参照进行。

② 选择高效疫苗。疫苗的稀释应用去离子水或蒸馏水，不得用自来水、开水或井水。稀释液中应加入0.1%的脱脂乳或3%~5%的甘油。

③ 稀释液的用量因气雾机及鸡群的平养、笼养密度而异，应严格按说明书推荐用量使用。

④ 气雾免疫前后几天内，在饲料或饮水中添加适当的抗菌药物，预防慢性呼吸道病的暴发。

⑤ 严格控制雾滴的大小，雏鸡用雾滴的直径为 30 ~ 50 微米，成鸡为 5 ~ 10 微米。

⑥ 气雾免疫期间，应关闭鸡舍所有门窗，停止使用风扇或抽气机，在停止喷雾 20 ~ 30 分钟后，才可开启门窗和启动风扇（视室温而定）。

⑦ 气雾免疫时，鸡舍内温度应适宜，温度太低或太高均不适宜进行气雾免疫。如果气温较高，可在晚间较凉快时进行；鸡舍内的相对湿度对气雾免疫也有影响，一般要求相对湿度在 70% 左右最为合适。

⑧ 实施气雾免疫时，气雾机喷头在鸡群上空 50 ~ 80 厘米处，对准鸡头来回移动喷雾，使气雾全面覆盖鸡群，使鸡群头背部羽毛略有潮湿感为宜。

（5）皮下刺种

1）操作方法。

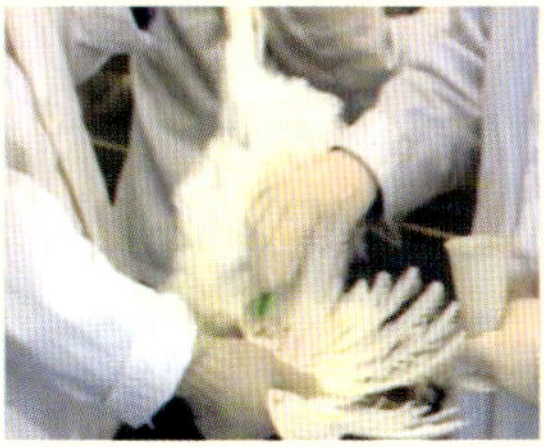

拉开一侧翅膀，抹开翼翅上的绒毛，刺种者将蘸有疫苗的刺种针从翅膀内侧对准翼膜用力快速穿透，使针上的凹槽露出翼膜。

2）注意事项

① 每次刺种针蘸苗都要保证两凹槽能浸在疫苗液面以下，出瓶时将针在瓶口擦一下，将多余疫苗擦去。

② 在针刺过程中，要避免针槽碰上羽毛以防疫苗溶液被擦去，也应避免刺伤骨头和血管。

③ 为防止传播疾病，每刺种完一群鸡就要更换刺种针。

④ 在接种后 6 ~ 8 天，接种部位可见到或摸到 1 ~ 2 个谷粒

大小的结节，中央有1块干痂。若反应灶大且有干酪样物，则表明有污染；若无反应出现，则说明：鸡群已有免疫力，或接种方法有误，或疫苗保存运输不当，曾受阳光暴晒或受热，或疫苗本身存在质量问题。一般至少应有2%的鸡只有局部红肿反应现象。

3. 免疫程序

鸡场根据本地区、本场疫病发生情况（疫病流行种类、季节、易感日龄）、疫苗性质（疫苗种类、方法、免疫期）和其他情况制定适合本场的一个科学免疫计划称作免疫程序（表5-3）。

表5-3　蛋鸡的免疫程序

日龄	疫　　苗	接 种 方 法
1	马立克氏病疫苗	皮下注射或肌内注射
7～10	新城疫＋传支弱毒苗（H120）	滴鼻或点眼
	复合新城疫灭活苗＋多价传支灭活苗	皮下注射或肌内注射
14～16	传染性法氏囊病弱毒苗	饮水
20～25	新城疫Ⅱ或Ⅳ系＋传支弱毒苗（H52）	气雾或滴鼻或点眼
	禽流感灭活苗	皮下注射0.3毫升/只
30～25	传染性法氏囊病弱毒苗	饮水
	鸡痘疫苗	翅内侧刺种或翅内侧皮下注射
40	传喉弱毒苗	点眼
60	新城疫Ⅰ系	肌内注射
90	传喉弱毒苗	点眼
110～120	新城疫＋传支＋产蛋下降综合征油苗	肌内注射
	禽流感油苗	皮下注射0.5毫升/只
	鸡痘弱毒苗	刺种或翅膀内侧皮下注射
320～350	禽流感油苗	皮下注射0.5毫升/只
	新城疫Ⅰ系	肌内注射

表 5-4　种鸡的免疫程序

日　龄	疫　苗	接种方法
1	马立克氏病疫苗	皮下注射或肌内注射
7～10	新城疫＋传支弱毒苗（H120）	滴鼻或点眼
	复合新城疫灭活苗＋多价传支灭活苗	颈部皮下注射 0.3 毫升/只
14～16	传染性法氏囊病弱毒苗	饮水
20～25	新城疫Ⅱ或Ⅳ系＋传支弱毒苗（H52）	气雾或滴鼻或点眼
	禽流感灭活苗	皮下注射 0.3 毫升/只
30～35	传染性法氏囊病弱毒苗	饮水
	鸡痘疫苗	翅膀内侧刺种或翅膀内侧皮下注射
40	传喉弱毒苗	点眼
60	新城疫Ⅰ系	肌内注射
80	传喉弱毒苗	点眼
90	传染性脑脊髓炎弱毒苗	饮水
110～120	新城疫＋传支＋产蛋下降综合征油苗	肌内注射
	禽流感油苗	皮下注射 0.5 毫升/只
	传染性法氏囊油苗	肌内注射 0.5 毫升
	鸡痘弱毒苗	刺种或翅膀内侧皮下注射
280	新城疫＋法氏囊油苗	肌内注射 0.5 毫升/只
320～350	禽流感油苗	皮下注射 0.5 毫升/只

第二节　常见病防治

一、传染性疾病

1. 禽流感

禽流感又称欧洲鸡瘟或真性鸡瘟，是由 A 型流感病毒（病毒不仅血清型多，而且自然界中带毒动物多、毒株易变异）引起的一种急性、高度接触性和致病性传染病。

【临床症状】 蛋皮色浅，蛋壳薄，烂蛋多，产蛋量下降；病鸡头肿、流眼泪，呼吸声促，有痰鸣音，拉黄白、黄绿或石灰水样粪便，腿部有出血点。

精神沉郁，头肿，眼睛周围浮肿，肉垂肿胀、出血和坏死，鸡冠发紫、出血和坏死。

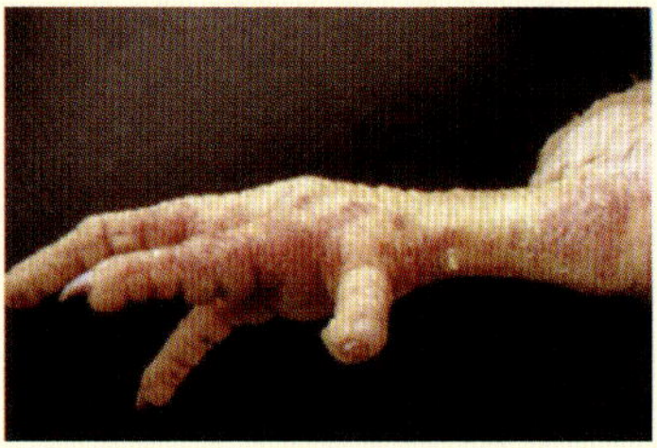

病鸡腿部和趾部皮下出血、水肿。

【病理变化】 食道黏膜出血；泄殖腔严重出血，胰脏出血，心冠脂肪不同程度出血，气管黏膜出血；腺胃肿胀；输卵管中有大量干酪样渗出物。

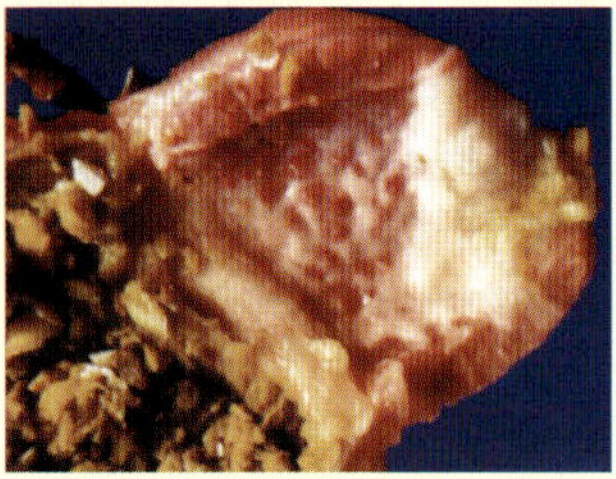

腺胃乳头出血溃疡，黏膜上附有脓性分泌物。肌胃肌层出血，内膜易剥离，皱褶处有出血斑。

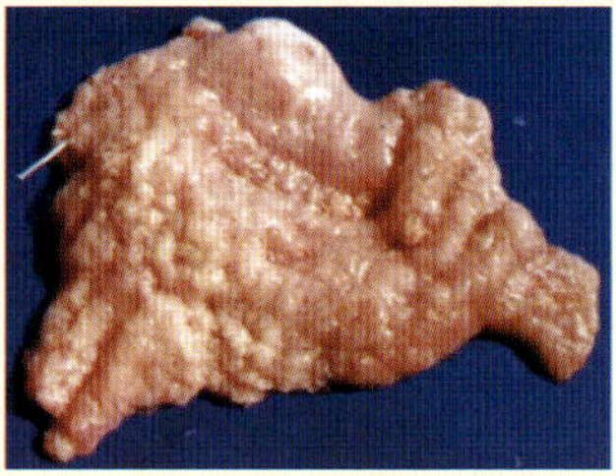

病鸡输卵管和子宫黏膜水肿。

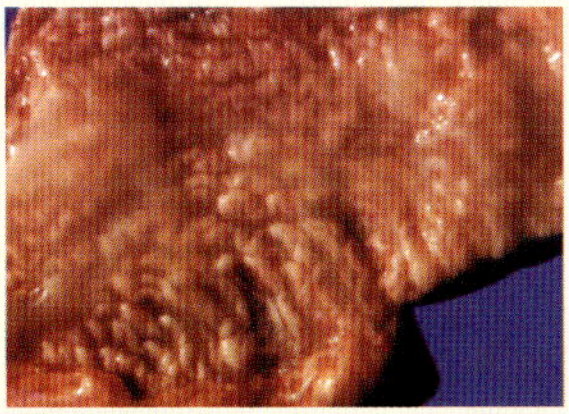

病鸡发生输卵管炎，输卵管水肿，内有白色黏稠分泌物块。

病鸡卵黄变性、坏死，发生卵黄性腹膜炎。

【防治措施】 加强隔离卫生管理。

（1）免疫接种 免疫程序：首免5～15日龄进行，每只0.3毫升，颈部皮下注射；二免50～60日龄进行，每只0.5毫升；三免开产前进行，每只0.5毫升；处于产蛋中期的40～45周龄可进行四免。

（2）发病后措施 鸡发生高致病性禽流感后应坚决执行封锁、隔离、消毒、扑杀等措施；如发生中低致病性禽流感时，每天可用过氧乙酸、次氯酸钠等消毒剂带禽消毒1～2次，并使用抗病毒药物、抗菌药物、营养增强剂等进行治疗。

2. 鸡新城疫

鸡新城疫（鸡瘟）是由副粘病毒引起的一种主要侵害鸡和火鸡的急性、高度接触性和高度毁灭性的疾病。临床上表现为呼吸困难、下痢、神经症状，黏膜和浆膜出血，常呈败血症。

【临床症状】 病鸡精神沉郁，张口呼吸，有痰鸣音，下痢。病程长者，间有腿麻痹、扭颈、震颤等神经症状。蛋壳质量差，颜色变白。

病鸡精神沉郁，食欲废绝，拉黄绿色稀粪，缩颈、闭目和嗜睡。

病鸡排出的黄绿色稀粪。

病鸡出现神经症状，扭颈，呈观星状。

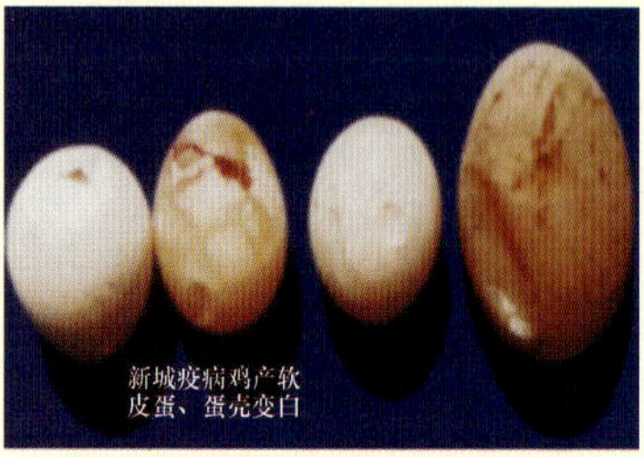

病鸡产软壳蛋，蛋壳变白。

【病理变化】 盲肠扁桃体及直肠末端出血，气管黏膜出血，心冠脂肪出血等。

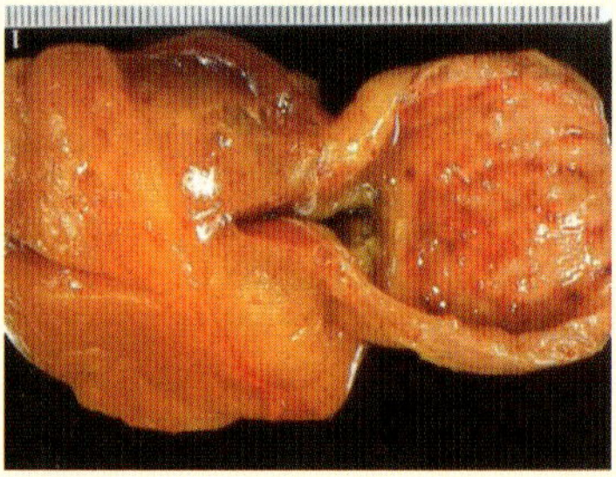

病鸡腺胃乳头出血，腺胃表面有大量黏液。

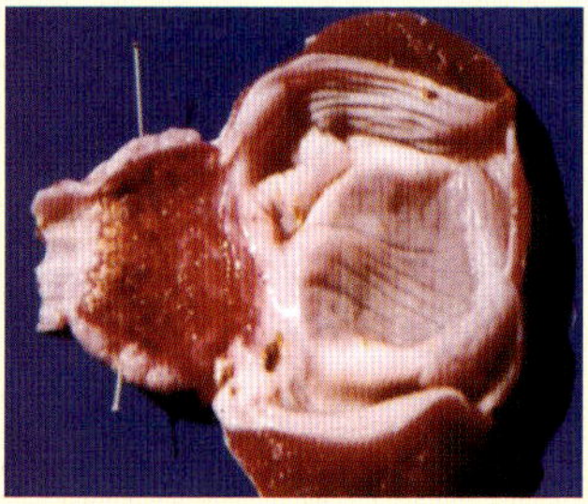

病鸡腺胃充血、出血，腺胃与食管处有黄色溃疡灶。

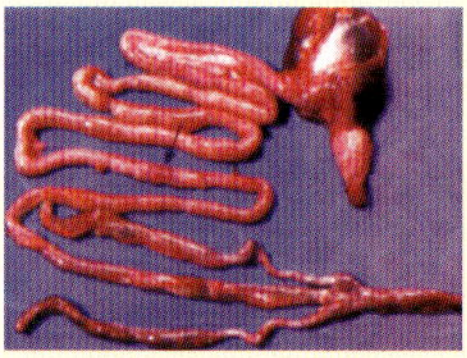

病鸡肠道出血、肿胀，外观可见出血斑。

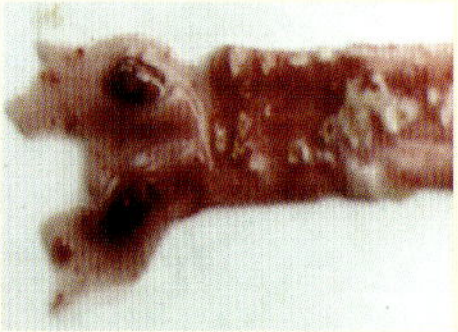

病鸡回肠黏膜和盲肠扁桃体出血、坏死。

病鸡卵泡变形、出血和破裂。

【防治措施】

（1）科学管理　加强饲养管理，做好生物安全工作。

（2）科学免疫接种　首免时间要适宜，最好通过检测母源抗体水平或根据种鸡群免疫情况来确定。没有检测条件的，一般在7～10日龄首免，使用弱毒活苗滴鼻点眼。由于新城疫病毒毒力变异，可以选用多价的新城疫灭活苗和弱毒苗配合使用，效果更好。

（3）发病后的措施　发生鸡新城疫时，最好用4倍量Ⅰ系苗饮水，每月1次，直至淘汰。或用Ⅳ系、Ⅱ系苗做2～3倍肌内注射，使其尽快产生坚强免疫力（如与禽流感混合感染，应先治疗禽流感，再免疫接种）；或在发病早期注射抗鸡新城疫血清、卵黄抗体（2～3毫升/千克体重），可以减轻症状和降低死亡率。

3. 传染性法氏囊病

鸡传染性法氏囊病是一种主要危害雏鸡的免疫抑制性传染病，是由传染性法氏囊病病毒引起鸡的一种急性、高度接触性传染病。世界动物卫生组织已将其列为B类疫病。

【临床症状】　2～10周龄多发，水样白色粪便，病雏精神不振，肛门周围粘满污粪；发病突然，发病率高，呈特征性尖峰式死亡曲线，痊愈快。

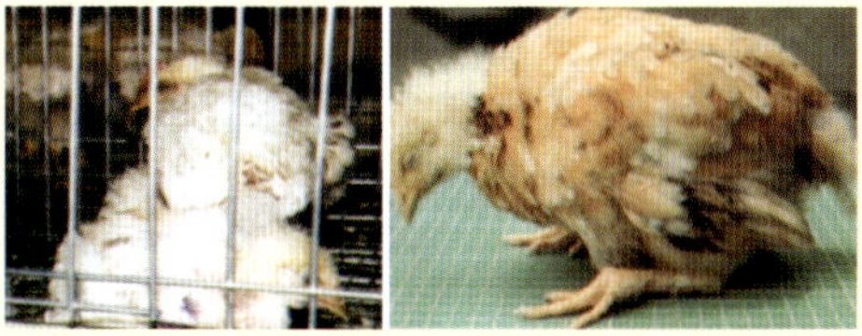

病鸡精神不振，缩头、翅膀下垂，羽毛蓬乱。

病鸡排米汤样白色稀粪。

【病理变化】　发病初期，法氏囊肿大，内有黄色透明胶冻液，囊内皱褶水肿、出血。胸肌、大腿呈条状或斑点状出血。5月后法氏囊急剧萎缩。

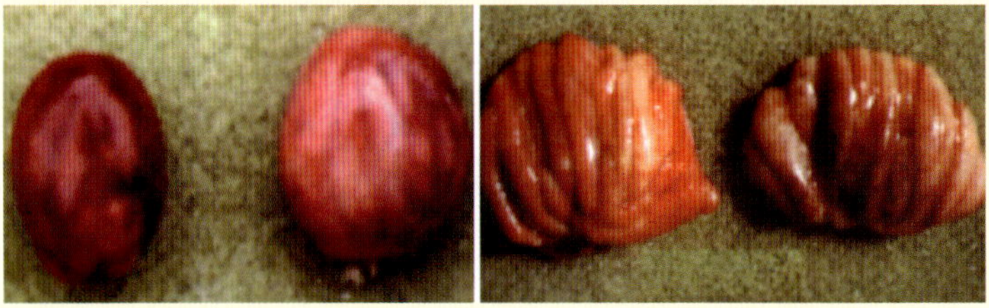

病鸡法氏囊肿大、出血，外观呈紫红色葡萄状，切面可见皱褶增宽，充血、出血、坏死。

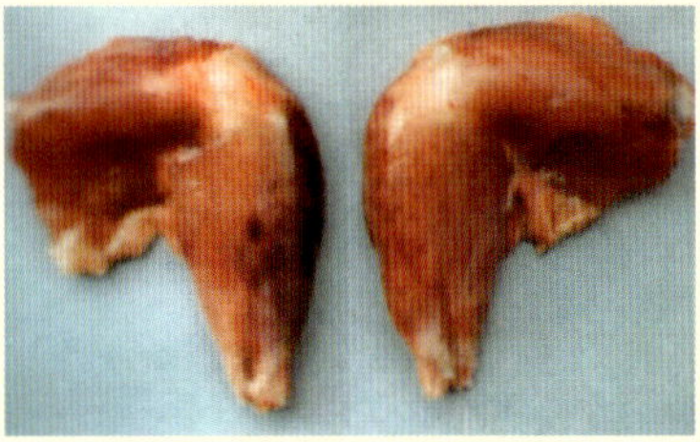

病鸡腿内侧肌肉有条状或斑状出血。

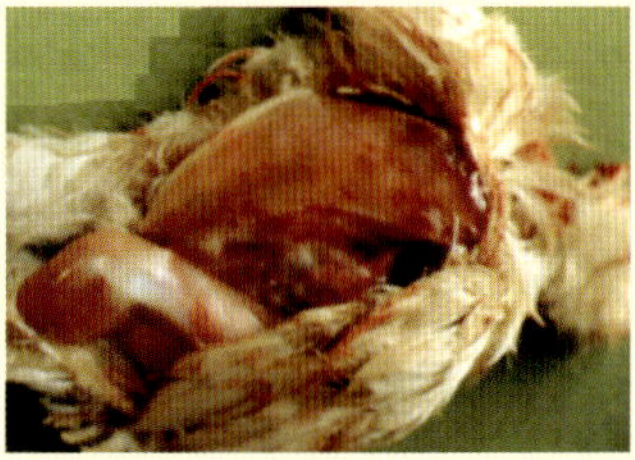

病鸡肌肉干燥无光，胸肌有出血条纹和斑块。

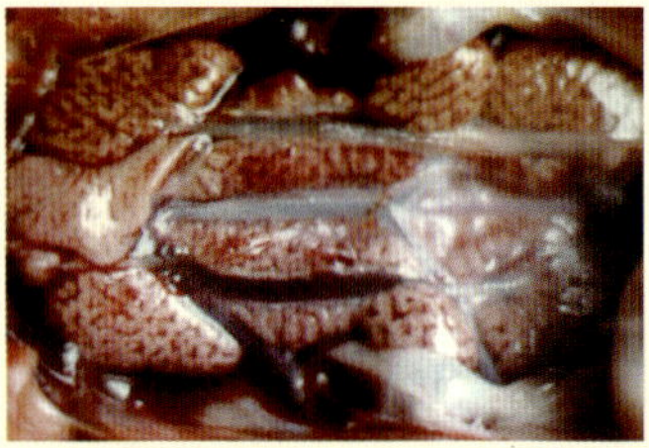

病鸡肾脏肿大，输尿管和肾小管内充满尿酸盐，外观呈灰白色花纹状。

病鸡肾脏肿大、苍白。法氏囊肿大，外被黄色透明的胶冻物。

【防治措施】 加强隔离和消毒

（1）免疫接种 10～18日龄法氏囊多价弱毒苗滴口或饮水；间隔10天后法氏囊多价中等毒力弱毒苗1.5羽份，饮水。种鸡在18～

20周龄和40～42周龄分别注射灭活苗0.5毫升。流行严重地区在首免时或间隔1周后注射0.25～0.3毫升多价灭活苗。

（2）发病后的措施　①保持适宜的温度（气温低的情况下适当提高舍温）；每天带鸡消毒；适当降低饲料中的蛋白质含量。②注射高免卵黄：20日龄以下0.5毫升/只；20～40日龄1.0毫升/只；40日龄以上1.5毫升/只。病重者再注射1次。与新城疫混合感染时，可以注射含有新城疫和法氏囊抗体的高免卵黄。③水中加入防治大肠杆菌的药物和利尿药物。

4. 传染性喉气管炎

传染性喉气管炎由鸡传染性喉气管炎病毒引起鸡的一种急性呼吸道传染病，典型的症状是病鸡呼吸困难、喘气、咳嗽，咳出血样渗出物，病理变化主要集中在喉和气管，表现为喉和气管黏膜肿胀，出血并形成糜烂。

【临床症状】　伸颈张口呼吸，发出咯咯的叫声，后期有强咳动作，时常咳出血痰。

病鸡呼吸困难，张口喘气，流眼泪。

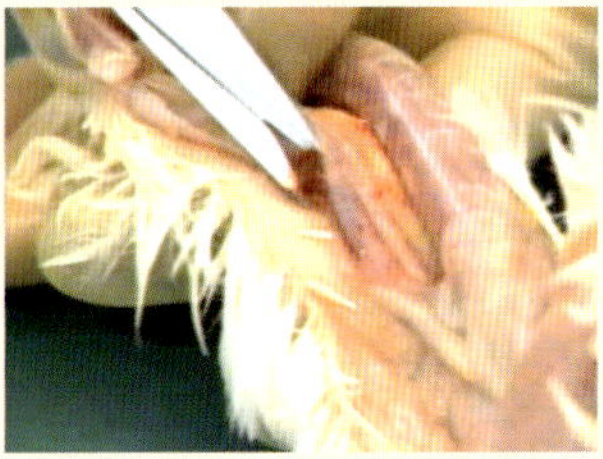

喉部瘀血。

【病理变化】　喉头和气管黏膜面上附着黄白色或血样渗出物。

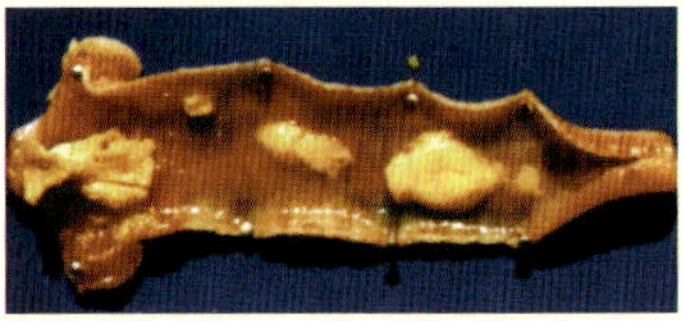

病鸡喉头和气管黏膜肥厚、充血，有黄色干酪样物质。

病鸡喉头黏膜出血，气管内有血栓。

【防治措施】 加强卫生管理。

（1）免疫接种 本地区没有本病流行的情况下，一般不主张接种。如果免疫，首免在28日龄左右，二免在70日龄左右进行，使用弱毒疫苗，免疫方法常用点眼法。鸡群接种后可产生一定的免疫反应，轻者出现结膜炎和鼻炎，严重者可引起呼吸困难，甚至死亡，因此所使用的疫苗必须严格按使用说明进行。在使用疫苗的前后2天内可以使用一些抗菌药物。

（2）发病后的措施 无特效药物。使用抗菌药物，对防治继发感染有一定作用。确诊后可以立即采用弱毒苗紧急接种，或用中草药制剂也有一定效果。

5. 传染性支气管炎

鸡传染性气管炎是由冠状病毒科冠状病毒属的鸡传染性支气管炎病毒引起的一种鸡的急性、高度接触性传染病，不但会引起鸡只死亡，而且临诊型感染和亚临诊型感染（常被忽视）均会导致生产性能下降，饲料报酬降低。此病常继发或并发霉形体、大肠杆菌、葡萄球菌病等，加之该病病原的血清型多（有呼吸型、肾型、腺胃型、生殖道型和肠型），新的血清型不断出现，给诊断和防治带来较大难度，给养鸡业造成巨大损失。

【临床症状】 病鸡精神不振，伸颈张口呼吸，带有啰音，精神不振，翼下垂，产蛋量下降，产畸形蛋。

病雏鸡精神沉郁，张口呼吸。

病鸡产白壳蛋、沙壳蛋、畸形蛋、软壳蛋、小蛋（上数第二行为正常蛋）。

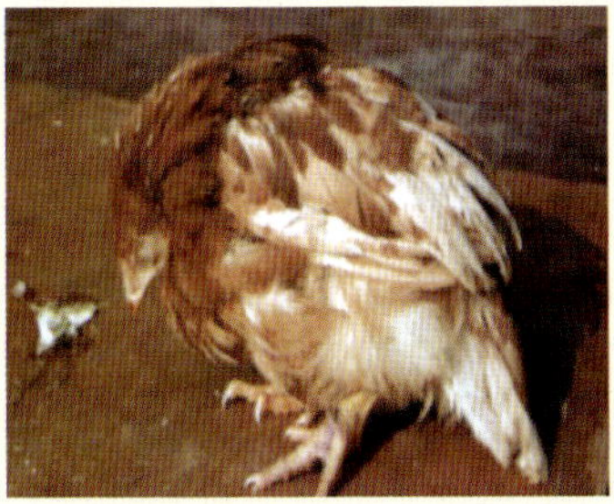

患肾型传染性支气管炎的病鸡羽毛逆立，精神萎靡，排米汤样白色稀粪。

【病理变化】　气管黏膜附着水样或稠样透明的黄色渗出物；肾肿大、苍白、褪色（肾型传染性支气管炎）；卵泡膜充血、出血。

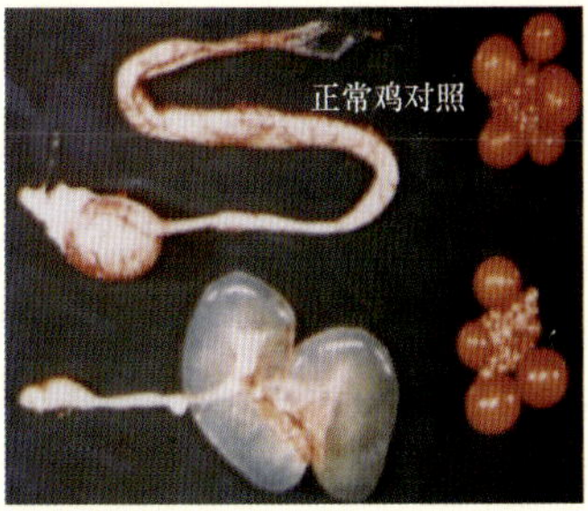

病鸡输卵管萎缩、变细、变短、囊肿。

传染性支气管炎病毒在鸡胚内复制，使胚胎发育受阻（右侧为对照图）。

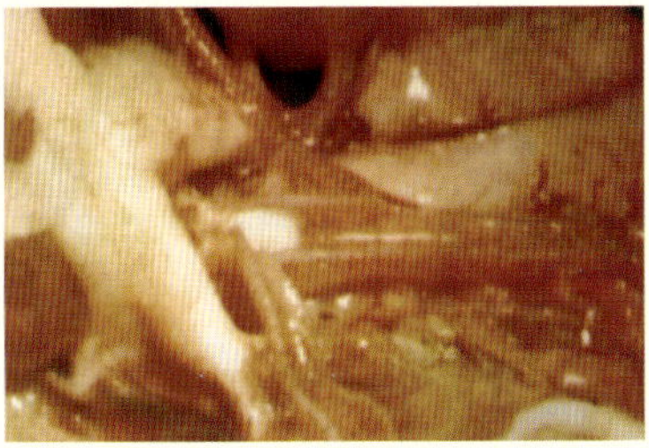

患传染性支气管炎的病鸡气管和支气管内有水样或黏稠透明的黄白色渗出物。

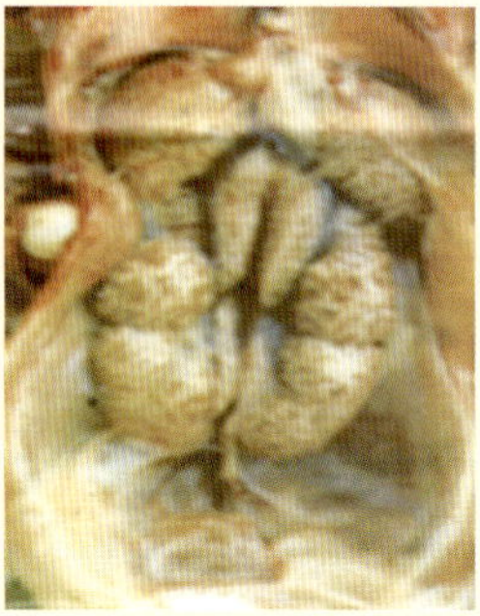

肾肿大，苍白，呈槟榔花纹状。

患肾型传染性支气管炎的病鸡肾肿大，褪色，尿管变粗，内有白色的尿酸盐沉着。

【防治措施】 加强管理和卫生消毒

（1）免疫接种 7～10日龄首免，H120＋Hk（肾型）1羽份，点眼滴鼻；同时可注射含有肾型传支和腺胃性传支病毒的油乳剂多价灭活苗0.3毫升/只；25～30日龄，H52疫苗1.5羽份，点眼滴鼻或饮水或气雾。110～130日龄注射多价传支病毒的油乳剂灭活苗0.5毫升/只。

（2）发病后的措施 ①饲料中加入0.15%的吗啉胍＋支喉康（或咳喘灵）拌料连用5天，或用百毒唑（内含利巴韦林、金刚乙胺、增效因子等）饮水（10克/100千克水），麻黄冲剂1000克/1000千克拌料。②饮水中加入肾肿灵或肾消丹等利尿保肾药物5～7天；饮水中加入速溶多维或维康等以缓解应激，提高机体抵抗力。③同时要加强环境和鸡舍消毒，雏鸡阶段和寒冷季节要提高舍内温度。

6. 马立克氏病

鸡马立克氏病是由鸡马立克氏病病毒引起的一种淋巴组织增生性疾病，具有很强的传染性，以引起外周神经、内脏器官、肌肉、皮肤、虹膜等部位发生淋巴细胞样细胞浸润并发展为淋巴瘤为特征。

【临床症状】 本病的潜伏期很长，种鸡和产蛋鸡常在16～22周龄（现在已有报道发病提前）出现临诊症状，可迟至24～30周龄或60周龄以上。马立克氏病的症状随病理类型（神经型、皮肤型和内脏型）不同而异，但各型均有食欲减退、生长发育停滞、精神萎靡、软弱、进行性消瘦等共同特征。

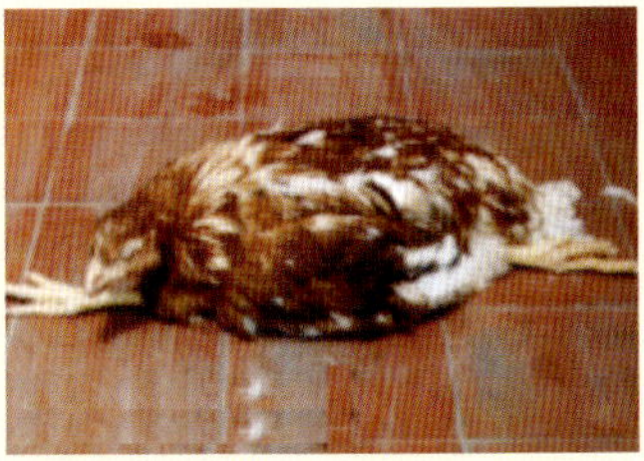

神经型马立克氏病病鸡的腿和翅麻痹、瘫痪，呈劈叉状。

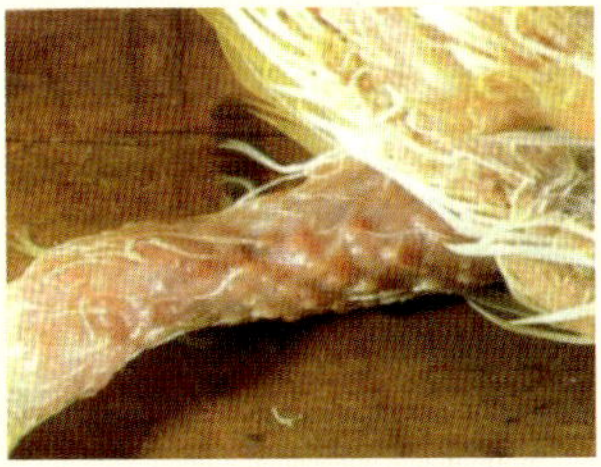

皮肤型马立克氏病病鸡皮肤上有大小不等的肿瘤。

【病理变化】

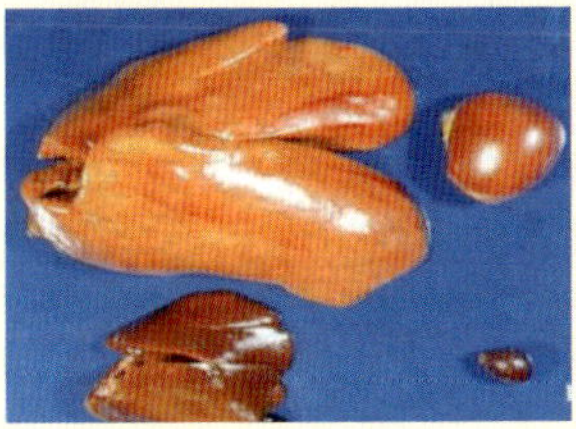

病鸡的肝脏、脾脏肿大，变硬（下面是正常的肝脾）。

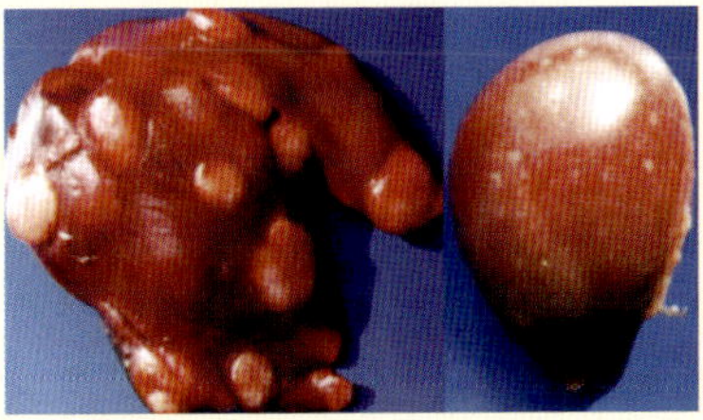

病鸡的肝脏、脾脏上有较多的肿瘤结节。

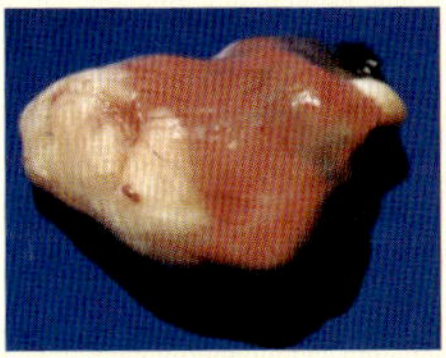

病鸡心脏表面有较大的白色结节肿瘤。

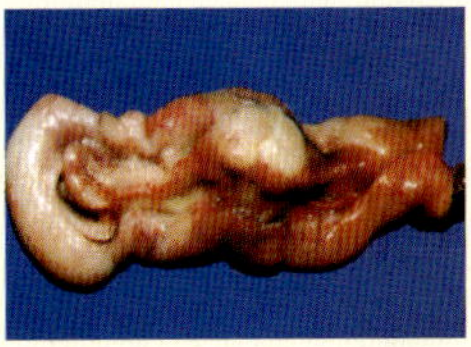

病鸡胰脏表面有较大的白色结节状肿瘤。

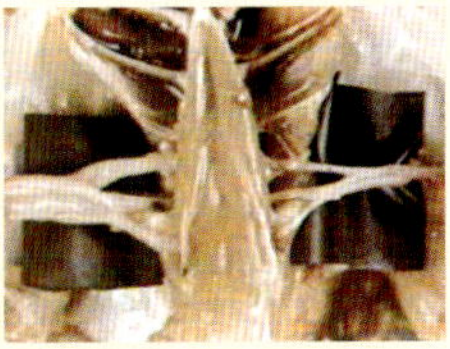

神经型马立克氏病有神经肿大症状。

【防治措施】　加强环境消毒和饲养管理

（1）免疫接种　1日龄雏鸡用鸡马立克氏病“814”弱毒疫苗或鸡

马立克氏病弱毒双价（CA126 + SB1）疫苗。14 日龄左右进行二免。

（2）发病后措施 发病后无治疗药物。

7. 鸡痘

鸡痘是由痘病毒科禽痘病毒属禽痘病毒引起的一种缓慢扩散、高度接触性传染病。特征是在无毛或少毛的皮肤上有痘疹，或在口腔、咽喉部黏膜上形成白色结节。产蛋鸡感染后，会使产蛋量下降，如果并发其他疾病，或营养不好，卫生条件差，可以引起较高概率的死亡。幼龄雏鸡若病情严重，更易死亡。

【临床症状】 无羽部，尤其是鸡冠、肉垂、嘴角等处出现痘；另咽部、喉头、鼻腔和气管处有痘。皮肤无毛处黏膜部位出痘。

鸡痘初期鸡冠和肉髯上有许多灰白色糠麸样物质。

病鸡腿部、趾部溃疡，有痘斑。

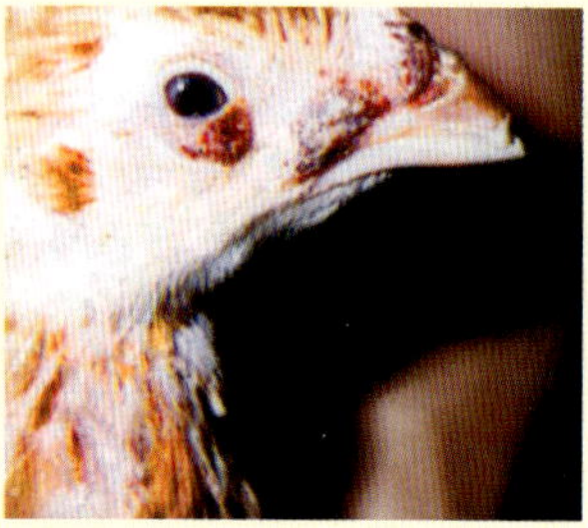

皮肤型鸡痘眼角、喙角等无毛部位溃疡，有痘斑。

皮肤型鸡痘病鸡眼睑有痘、肿胀、有黏性分泌物，冠、肉髯、喙角有痘斑。

【病理变化】 皮肤型鸡痘的特征性病变是局灶性表皮和其下层的毛囊上皮增生，形成结节。结节起初表现湿润，后变为干燥，外观呈圆形或不规则形，皮肤变得粗糙，呈灰色或暗棕色。结节干燥前切开切面出血、湿润，结节结痂后易脱落，出现瘢痕。

黏膜型鸡痘病变出现在口腔、鼻、咽、喉、眼或气管黏膜上。发病时黏膜表面稍微隆起白色结节，以后迅速增大，并常融合而成黄色、奶酪样坏死的伪白喉或白喉样膜，将其剥去可见出血糜烂，炎症蔓延可引起眶下窦肿胀和食管发炎。

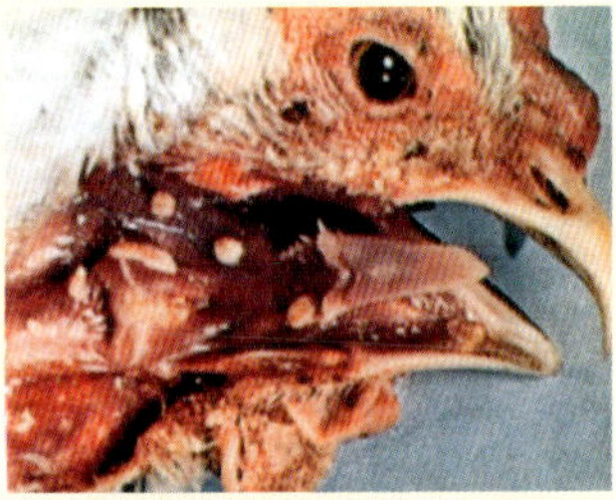

病鸡口腔、喉、气管表面有干酪样坏死灶。

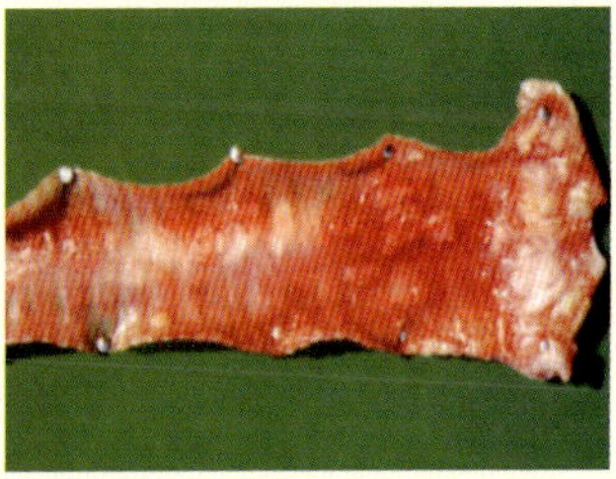

黏膜型鸡痘病鸡的喉头、气管黏膜处有黄白色痘状结节，痘斑不易剥离。

【防治措施】

（1）免疫接种 使用鸡痘鹌鹑化弱毒疫苗翼翅刺种。

（2）发病后的措施 目前尚无特效治疗药物，主要采用对症疗法，以减轻病鸡的症状和防止并发症。发生鸡痘后也可视鸡日龄的大小，紧急接种新城疫Ⅰ系或Ⅳ系疫苗，以干扰鸡痘病毒的复制，达到控制鸡痘的目的。

8. 产蛋下降综合征

鸡产蛋下降综合征是由一种腺病毒引起的能使产蛋鸡产蛋量下降的病毒性传染病。

【临床症状】 产蛋量突然大幅度下降，比正常下降20%～30%，甚至下降50%以上，产蛋量下降可持续4～10周，然后逐渐恢复，产蛋率曲线下降，呈“马鞍形”；蛋壳质量差。

产蛋下降综合征病鸡产软壳蛋、沙壳蛋，蛋壳变薄、变脆。

【病理变化】 个别患鸡在发病期输卵管出现水肿，时久则见输卵管和卵巢萎缩。

产蛋下降综合征病鸡输卵管、子宫部水肿，似水泡状。

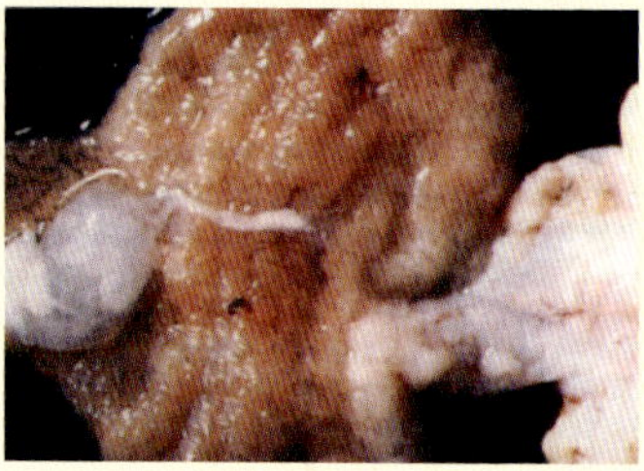

【防治措施】

（1）免疫接种 产蛋下降综合征油佐剂灭活苗和ND-EDS76二联苗油佐剂灭活苗效果良好。产蛋鸡于14～16周龄进行免疫接种，15天后产生免疫力，4～5周后抗体水下达到高峰，免疫期为1年。

（2）发病后措施 本病尚无有效治疗方法。

9. 鸡传染性脑脊髓炎

鸡传染性脑脊髓炎（流行性震颤）是一种主要侵害雏鸡的病毒性传染病，以共济失调和头颈震颤为主要特征。母鸡感染后产蛋量急剧下降。

【临床症状】 主要见于3周龄以内的雏鸡，出雏时有较多的弱雏并可能有一些病雏，有神经症状的病雏大多在1～2周龄出现症状；成年鸡主要表现产蛋率大幅下降，1周左右后又迅速上升，无其他明显表现。

传染性脑脊髓炎病鸡步态不稳、共济失调。常侧向一侧，有些病鸡发生头颈震颤。

传染性脑脊髓炎病鸡精神不振，偏瘫，头颈部羽毛逆立。

传染性脑脊髓炎康复鸡虹膜颜色变浅，瞳孔扩大，失明。

【病理变化】 病鸡唯一肉眼可见的变化是腺胃的肌层有细小的灰白区，小脑水肿。

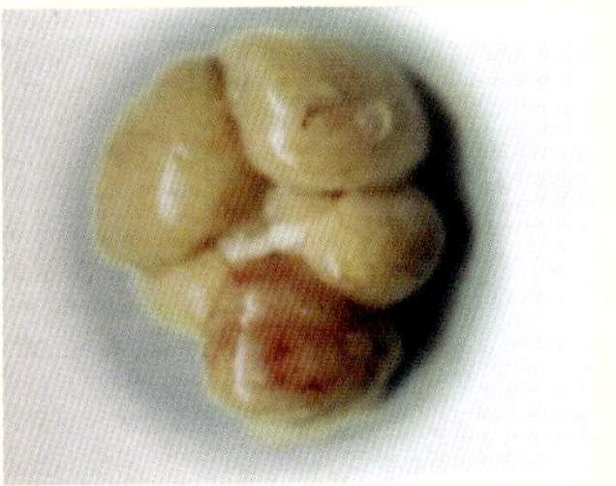

传染性脑脊髓炎病鸡小脑脑膜出血。

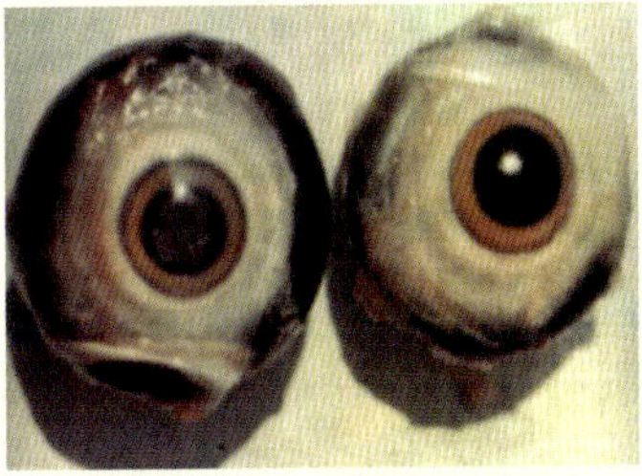

传染性脑脊髓炎康复鸡虹膜颜色变浅，形成白内障（左）。右为正常虹膜颜色。

【防治措施】

（1）免疫接种 目前有活毒疫苗（10周以上鸡，但不能迟于开产前4周免疫接种）和灭活疫苗（适用于无脑脊髓炎病史的鸡群，可于种鸡开产前18～20周接种）可以接种。

（2）发病后的措施 本病尚无有效的治疗方法。雏鸡发病，一般是将发病鸡群扑杀并进行无害化处理。成年鸡群发病，没有明显的病态症状，只是产蛋率降低，一段时间后即可恢复，并且产蛋率仍能达到较高的水平。

10. 慢性呼吸道病

慢性呼吸道病是由支原体引起的一种接触传染性呼吸道病，以呼吸发出啰音、咳嗽、流鼻涕和窦部肿胀为特征。

【临床症状】 病鸡先是流稀薄或黏稠鼻液，打喷嚏，鼻孔周围和颈部羽毛常被沾污。其后炎症蔓延到下呼吸道即出现咳嗽、呼吸困难、呼吸有气管啰音等症状。病鸡食欲不振，体重减轻、消瘦。

病鸡眼睑部、眶下窦肿胀，发硬。

病鸡眼睑肿胀，结膜潮红，结膜内有大量的浆液性渗出物，眼角内有泡沫渗出物。

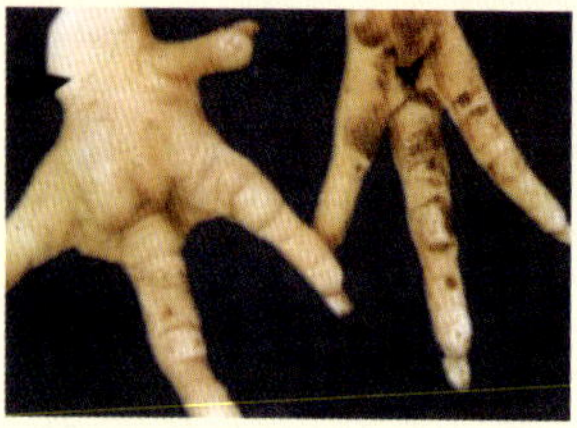

滑液囊支原体病鸡趾关节肿大（右侧为正常）。

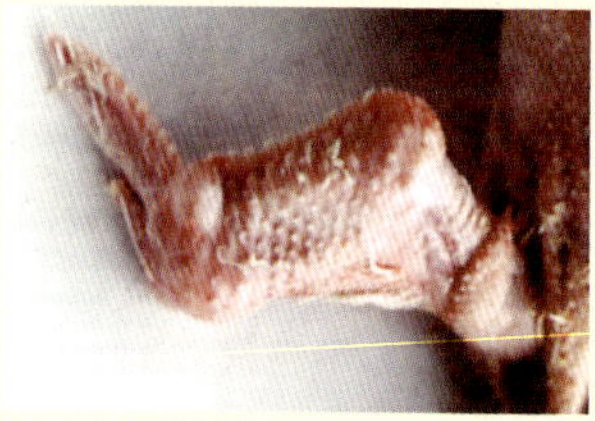

滑液囊支原体病鸡翅关节周围滑液囊肿大，内有灰白色渗出物。

【病理变化】 鼻腔、气管、支气管和气囊中有渗出物，气管黏膜常增厚。胸部和腹部气囊变化明显，早期为气囊轻度浑浊、水肿，表面有增生的结节病灶，外观呈念珠状。随着病情的发展，气囊增厚，囊腔内有大量干酪样渗出物，有时能见到一定程度的肺炎病变。

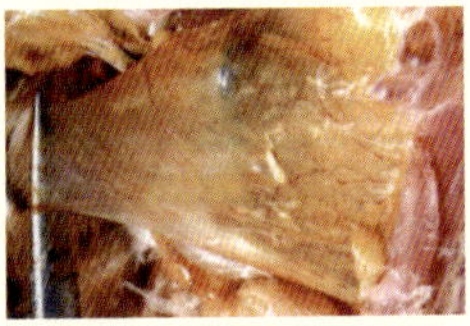

败血支原体病鸡气囊增厚，混浊，有黄色干酪物。

败血支原体病鸡腹腔内有泡沫样液。

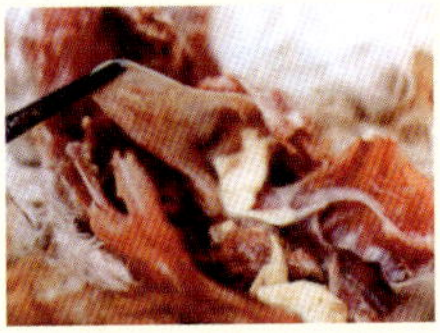

败血支原体病鸡气囊混浊、增厚，囊腔内有白色干酪样物。

【防治措施】

（1）加强管理 保持雏鸡洁净；保持适宜的环境条件；搞好局部免疫和呼吸道黏膜的保护。

（2）发病后措施 罗红霉素、链霉素的剂量：成年鸡肌内注射20万国际单位/只，5～6周龄幼鸡为5～8万国际单位/只。早期治疗效果很好，2～3天即可痊愈。大群治疗时，可在饲料中添加土霉素0.4%，连喂1周。或泰妙菌素120～150毫克/升水，饮用1周，诺氟沙星对本病也有一定疗效。

11. 鸡传染性鼻炎

鸡传染性鼻炎是由鸡嗜血杆菌和副鸡嗜血杆菌所引起鸡的急性呼吸系统疾病。主要症状为鼻腔与鼻窦发炎，流鼻涕，脸部肿胀和打喷嚏。

【临床症状和病理变化】 一般常见症状为鼻孔先流出清液，以后转为浆液性分泌物，有时打喷嚏，呼吸困难。脸肿胀，眼结膜炎、眼睑肿胀。食欲及饮水减少，或有下痢，体重减轻。主要病变为鼻腔和窦黏膜呈急性卡他性炎，黏膜充血肿胀，表面覆有大量黏液，窦内有渗出物凝块，后成为干酪样坏死物。脸部及肉髯皮下出现水肿。严重时可见气管黏膜炎症，偶有肺炎及气囊炎。

病鸡精神沉郁，面部浮肿，缩头，呆立。

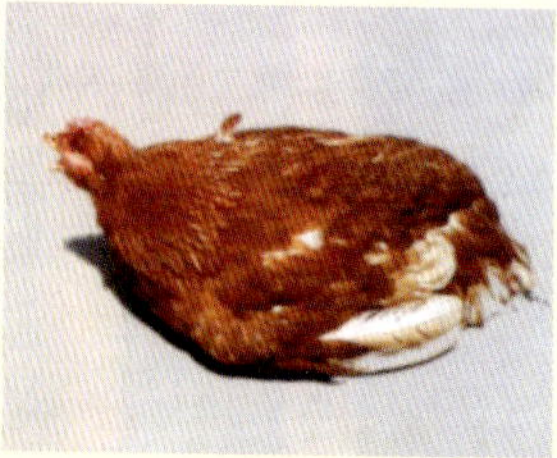

病鸡伸颈、甩头，张口呼吸。

病鸡面部眼睑肿胀（大多呈单侧），鼻孔有分泌物结痂。

病鸡髯面皮下、鼻腔黏膜水肿，鼻腔有黄色干酪样物。

病鸡眼部严重肿胀，眼裂闭合，结膜内有大量黏性分泌物。

病鸡卵泡变形，易破裂。

【防治措施】

（1）免疫接种 参照免疫程序。污染鸡群免疫时要使用5～7天抗生素，以防带菌鸡发病。

（2）发病后措施 发病后及早使用药物治疗，磺胺类药物和抗生素效果良好。当鸡群食欲尚好时，饲料中添加0.05%～0.1%的复方磺胺嘧啶，连用5天；当鸡采食量减少但还能饮水时，链霉素（成鸡每只15～20万国际单位）、庆大霉素（成鸡每只2000～3000国际单位）等连续饮用3天。

12. 大肠杆菌病

大肠杆菌病是由大肠杆菌埃氏菌的某些致病性血清型菌株引起的疾病的总称。

【临床症状和病理变化】

（1）急性败血型　急性败血型病鸡不显示症状而突然死亡，或症状不明显。发病率和死亡率较高，主要病变是纤维性心包炎、肝周炎和腹膜炎。

部分病鸡离群呆立，或拥挤打堆，羽毛逆立，食欲减退或废绝，排黄绿白色稀粪，肛门周围羽毛污染。

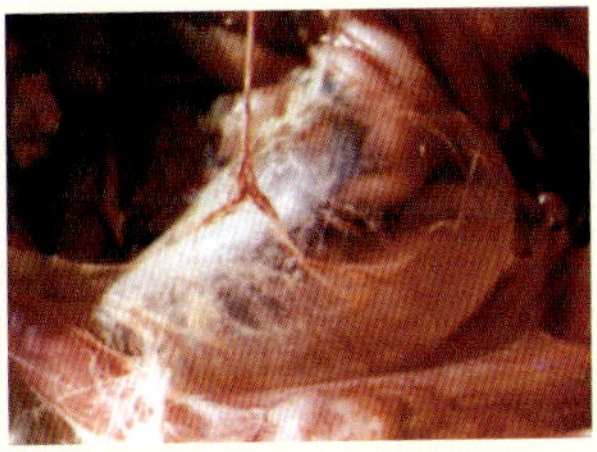

病鸡腹气囊混浊增厚，有纤维索渗出物。

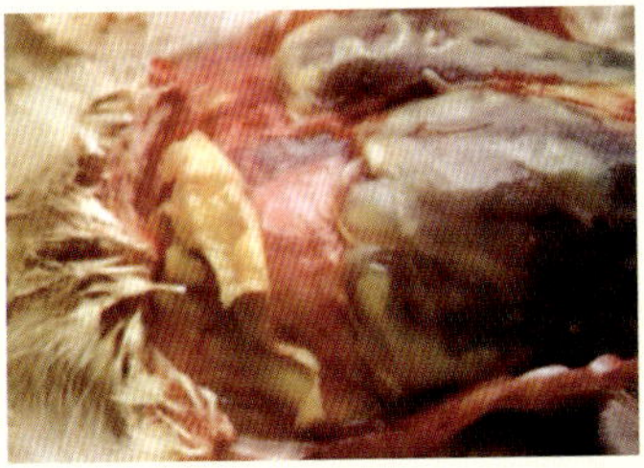

病鸡肝脏肿大，瘀血，外有黄白色包膜（纤维索渗出物），腹部有黄色纤维素膜。

病鸡心包炎，心包增厚，心包腔内集聚大量的灰白色炎性渗出物，与心肌相粘连。

(2) 蛋黄囊炎和脐炎 雏鸡的蛋黄囊、脐部及周围组织的炎症，出现卵黄吸收不良、脐部愈合不全、腹部膨大下垂等异常变化。

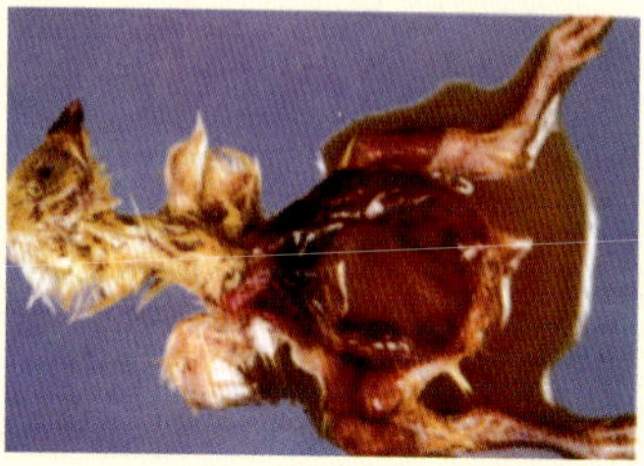

病鸡腹部膨大，卵黄呈黄褐色，易破裂。

(3) 大肠杆菌性肉芽肿 病鸡内脏器官上产生典型的肉芽肿。肝脏上有坏死灶。

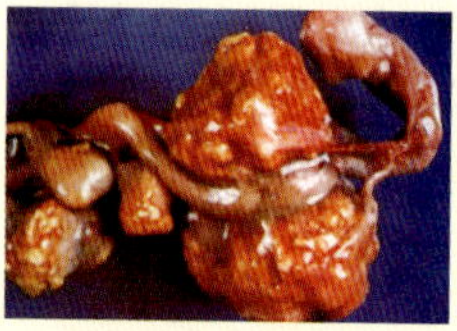

病鸡肠系膜上形成的肉芽肿。

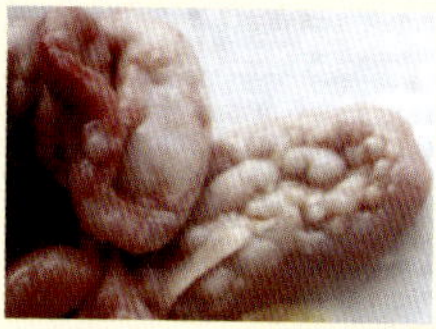

病鸡的胃、肠浆膜和肠系膜上有大量表面光滑、灰白色的大肠杆菌性肉芽肿。

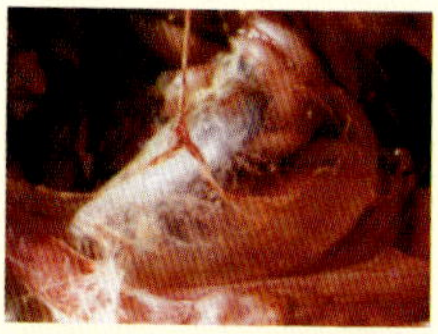

大肠杆菌肉芽肿病鸡的心脏、十二指肠、胰脏都有肉芽肿病灶。

(4) 全眼球炎 舍内污浊、大肠杆菌含量高、年龄小的幼雏易发该病。全眼球炎有时出现在其他症状出现的后期，多为一侧性，少数为两侧性。眼睑封闭，外观肿胀，里面蓄积脓液和干酪性物，眼球发炎。部分病鸡肝脏肿大，有心包炎。

(5) 卵黄性腹膜炎 又称“蛋子瘟”，输卵管常因感染大肠杆菌而产生炎症，炎症产物使输卵管伞部粘连，漏斗部的喇叭口在排卵时不能打开，卵泡因此不能进入输卵管而跌入腹腔，从而引发本病。病、死母鸡，外观腹部膨胀、重坠，剖检可见腹腔积有大量卵黄，卵黄变性凝固，肠道或脏器间相互粘连。

(6) 输卵管炎 多见于产蛋期母鸡，输卵管充血、出血，或内有多量分泌物，产生畸形蛋和内含大肠杆菌的带菌蛋，严重者产蛋量减少或停止产蛋。

大肠杆菌病鸡输卵管炎症，形成囊肿。

（7）生殖器官病 患病母鸡卵泡膜充血，卵泡变形，局部或整个卵泡红褐色或黑褐色，有的硬变，有的卵黄变稀。有的病例卵泡破裂，输卵管黏膜有出血斑和黄色絮状或块状的干酪样物；公鸡睾丸膜充血，交媾器充血、肿胀。

（8）肠炎 肠黏膜充血、出血，肠内容物稀薄并含有黏液血性物，有的腿麻痹，有的病鸡后期眼睛失明。

【防治措施】

（1）预防措施 做好隔离卫生工作，严格控制饲料和饮水的卫生和消毒，做好其他疫病的免疫，保持舍内清洁卫生和空气良好，减少应激；采用本地区发病鸡群的多个菌株或本场分离的菌株制成的大肠杆菌灭活疫苗（自家苗）进行免疫接种有一定的预防效果。

（2）发病后措施 大肠杆菌对多种抗生素、磺胺类和呋喃类药物都敏感。由于易产生抗药性，使用时最好进行药敏试验。每100千克水加8~10克阿米卡星，自由饮用4~5天，或每100千克水加8~10克氟苯尼考，自由饮用3~4天，治疗效果较好。

13. 鸡白痢

鸡白痢是由鸡沙门氏菌引起的一种常见和多发的传染病。

【临床症状】 种蛋感染后一般在孵化后期或出雏期中可见到已死亡的胚胎和即将垂死的弱雏，出壳后表现衰弱、嗜睡、腹部膨大、食欲丧失，绝大部分经1~2天死亡。出壳后感染的雏鸡，多在孵出后几天才出现明显症状，2~3周大量死亡；40~80天的青年鸡也可感染。病程可拖延20~30天；成年鸡白痢多是由雏鸡白痢的带菌者转化而来的，呈慢性或隐性感染，一般不见明显的临床症状。

病雏鸡精神沉郁，绒毛松乱，两翼下垂，缩头颈，闭眼昏睡，拉灰白色稀粪。

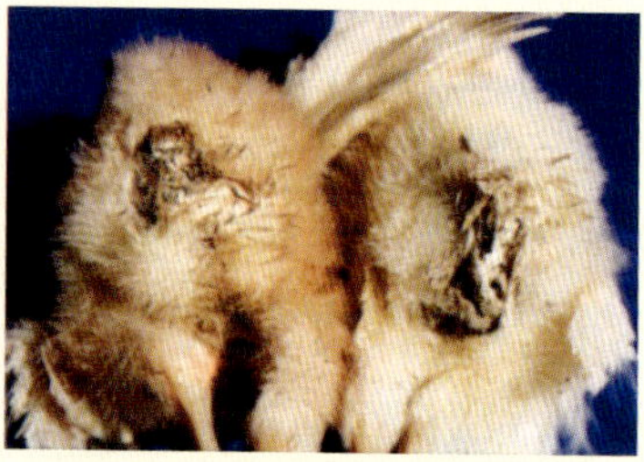

病雏鸡同时腹泻，排稀薄如糨糊状粪便，肛门周围绒毛被粪便污染，糊肛。

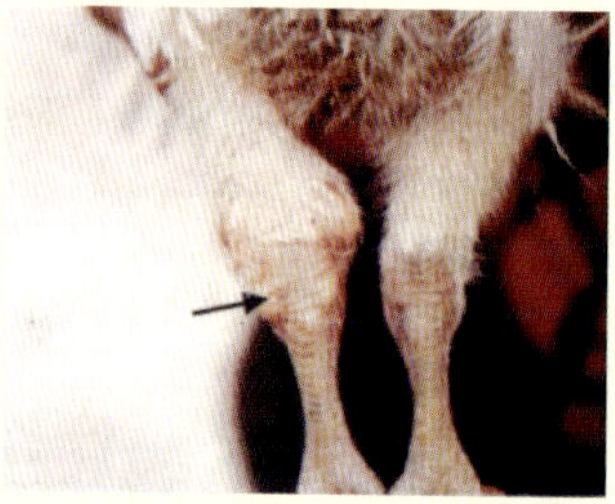

病雏左侧跗关节肿大，瘫痪。

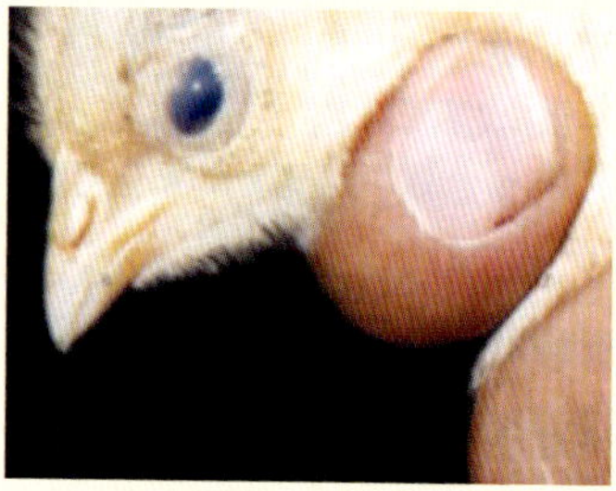

病雏眼睛呈云雾状混浊，失明。

【病理变化】

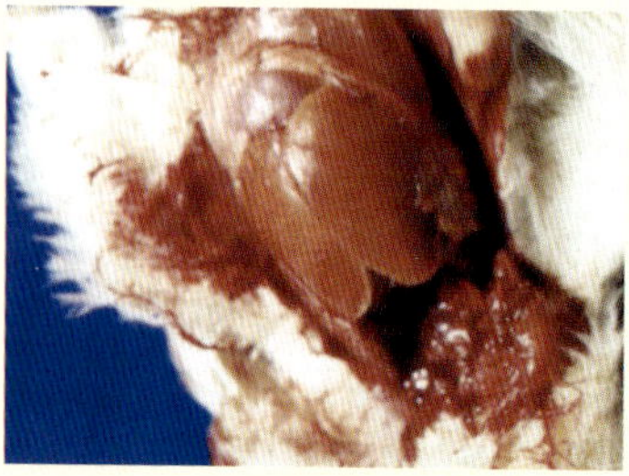

病鸡肝脏肿大，有灰白色细小坏死点。

成年鸡白痢卵巢变性、变形、坏死。

【防治措施】

（1）加强检疫卫生 种鸡场利用血清学试验，剔除阳性反应的带菌者；做好种蛋、孵化过程和雏鸡入舍前后的消毒工作；保持适宜的温度和卫生，使用抗菌药物或微生态制剂预防。

（2）发病后的措施 磺胺嘧啶、磺胺甲基嘧啶和磺胺二甲基嘧啶为首选药，在饲料中添加不超过0.5%，饮水中可用0.1%～0.2%，连续使用5天，然后停药3天，再继续使用2～3次；其他抗菌药物均有一定疗效。

14. 禽霍乱

禽霍乱（禽巴氏杆菌病、禽出血性败血症）是由多杀性巴氏杆菌引起的多种禽类的传染病。本病常呈现败血性症状，发病率和死亡率很高，但也常会出现慢性或良性经过。

【临床症状】 最急性型几乎看不到症状就突然死亡，肥胖鸡多见。病鸡无特殊病变，有时只能看见心外膜有少许出血点；急性型为常见情况。病鸡主要表现为精神沉郁，羽毛松乱，缩颈闭眼，头缩在翅下，不愿走动，离群呆立。病鸡常有腹泻，排出黄色、灰白色或绿色的稀粪。体温升高到43～44℃，减食或不食，渴欲增加。呼吸困难，口、鼻分泌物增加。鸡冠和肉髯变青紫色，有的病鸡肉髯肿胀，有热痛感，产蛋鸡停止产蛋。最后发生衰竭，昏迷而死亡，病程短的约半天，长的1～3天。

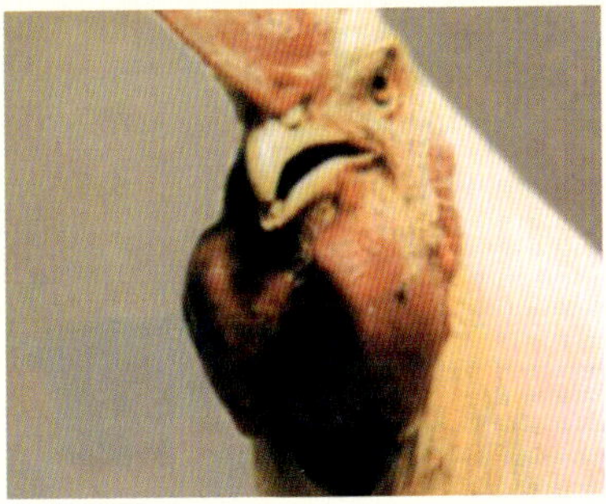

病鸡肉垂肿胀，变硬。

【病理变化】 肝脏的病变具有特征性，肝稍肿，质变脆，呈棕色或黄棕色。肝表面散布有许多灰白色、针头大的坏死点。

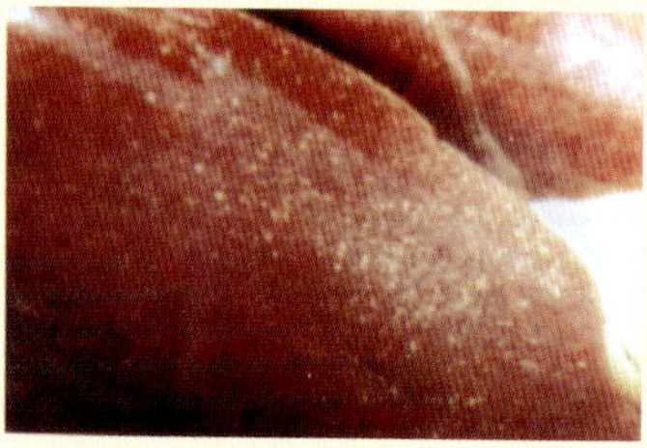

病鸡肝脏肿大，质脆，表面散布大量灰白色、针尖大的坏死灶。

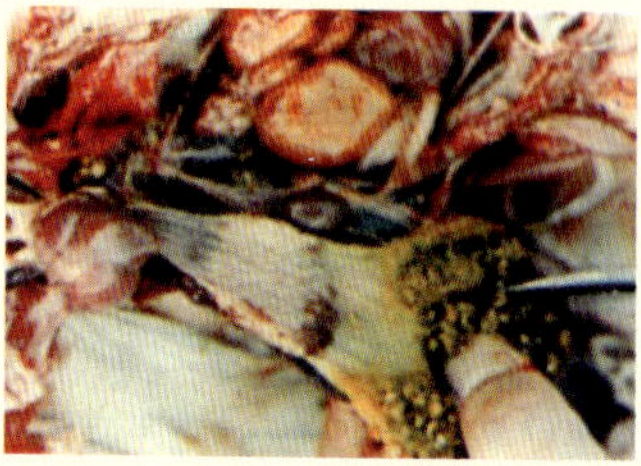

病鸡腺胃与肌胃交界处有出血斑。

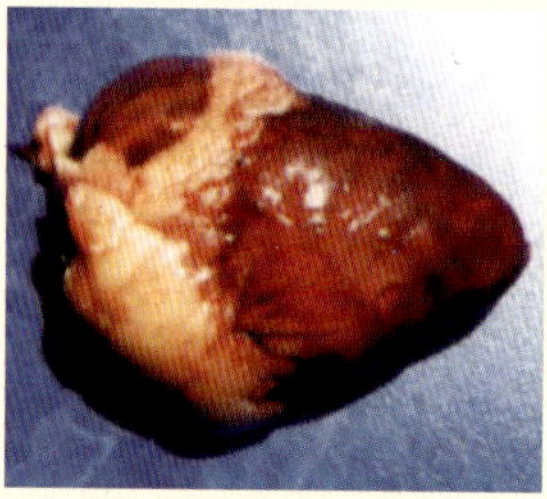

病鸡心肌和冠状沟脂肪有出血点和出血斑。

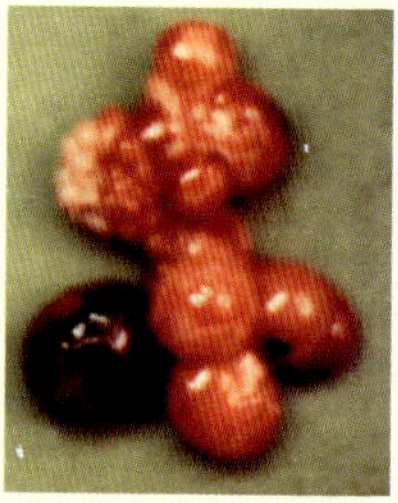

病鸡卵泡出血坏死。

【防治措施】

（1）预防措施 加强饲养管理，严格隔离、卫生和消毒制度；每吨饲料中添加40～45克喹乙醇或杆菌肽锌。

（2）发病后的措施 及时采取封闭、隔离和消毒措施，加强对鸡舍和鸡群的消毒；有条件的地方应通过药敏试验选择有效药物全群给药。土霉素按0.1%～0.2%或磺胺二甲基嘧啶按0.2%～0.4%拌料，连用3～4天；或用喹乙醇0.2～0.3克/千克拌料，连用1周（或每千克体重30毫克，每天1次饲喂，连用3～4天）。对病鸡用青霉素水剂1万国际单位/千克体重肌内注射，每天2～3次。

二、寄生虫病

1. 球虫病

鸡球虫病是一种或多种球虫寄生于鸡肠道黏膜上皮细胞内引起的

一种急性流行性原虫病。雏鸡的发病率和致死率均较高。病愈的雏鸡生长受阻，增重缓慢；成年鸡多为带虫者，但增重和产蛋能力降低。

【临床症状和病理变化】 急性型病程多为 2～3 周，多见于雏鸡；慢性型多见于 2～4 月龄的青年鸡。

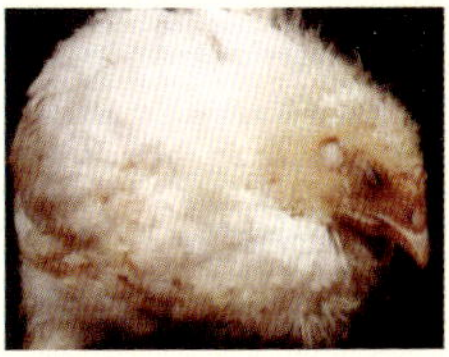

病鸡精神不振，缩颈闭眼。

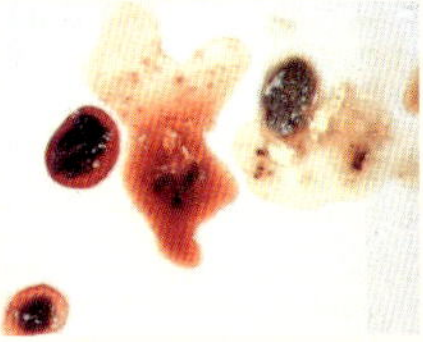

病鸡排出红褐色血样粪便。

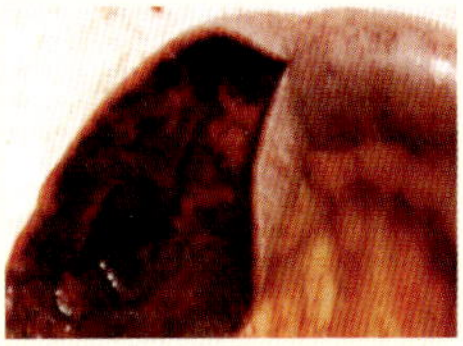

病鸡小肠壁增厚，肠内有大量血凝块。

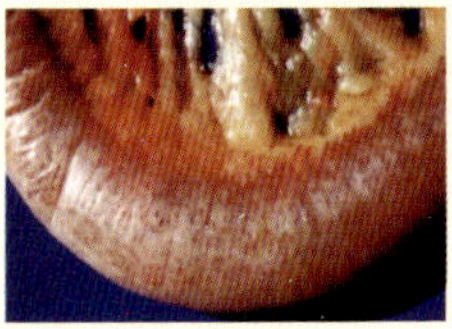

病鸡小肠肿胀，外表可见大量出血点。

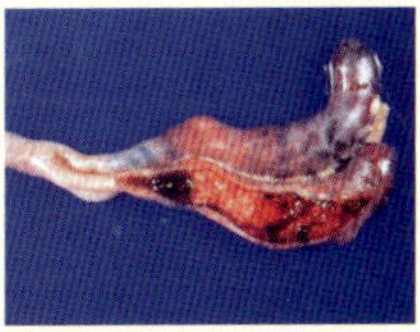

病鸡盲肠肿胀、臌气，肠壁有大量出血点，内出血严重。

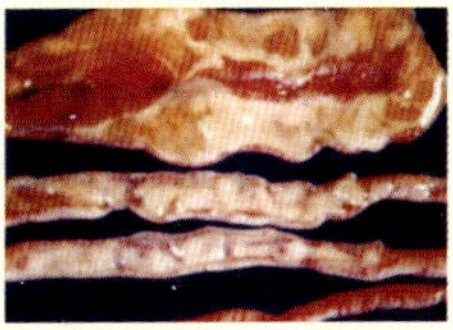

慢性球虫肠壁增厚，苍白，内有脓性内容物。

【防治措施】

（1）加强饲养管理 保持鸡舍干燥、通风和鸡场卫生，定期清除粪便，可堆放、发酵以杀灭卵囊。定期对设备、用具消毒。补充足够的维生素 K 和给予 3～7 倍推荐量的维生素 A 可加速鸡患球虫病后的康复。成鸡与雏鸡应分开喂养，以免带虫的成年鸡散播病原导致雏鸡暴发球虫病。

（2）药物防治 氯胍、氯羟吡啶（克球粉、可爱丹）、氨丙啉、硝苯酰胺、马杜霉素、盐霉素（球虫粉、优素精）、磺胺间二甲氧嘧啶等都有较好的防治效果。球虫病的预防用药程序是：雏鸡从 13～15 日龄开始，在饲料或饮水中加入预防用量的抗球虫药物，一直用到上笼后 2～3 周停止，选择 3～5 种药物交替使用，效果良好。

2. 组织滴虫病

组织滴虫病是鸡和火鸡的一种原虫病，也称盲肠肝炎或黑头病。本病以肝的坏死和盲肠溃疡为特征。

【临床症状和病理变化】 本病的潜伏期一般为15~20天，最短的为3天。有些鸡的头皮常呈紫蓝色或黑色（黑头病）。本病的病程一般为1~3周，3~12周的小鸡死亡率高达50%。康复鸡的粪便中仍然含有原虫。5~6月龄以上的成年鸡很少呈现临诊症状。组织滴虫病的损害常限于盲肠和肝脏。盲肠的一侧或两侧发炎、坏死，肠壁增厚或形成溃疡，有时盲肠穿孔，引起全身性腹膜炎。

病鸡排黄白色石灰水样粪便，恶臭。

病鸡盲肠肿大，肠黏膜坏死，肠腔内含有大量坏死物。

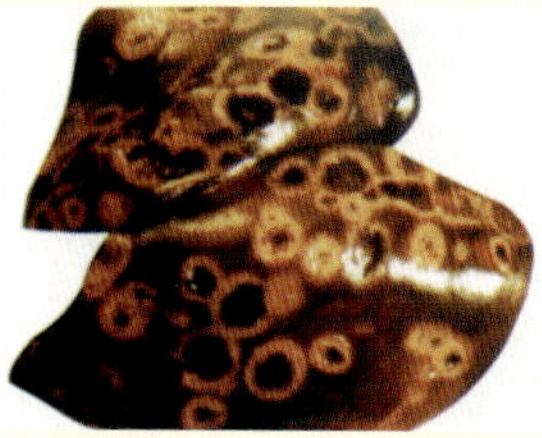

病鸡肝脏上形成呈圆形的坏死灶，中心凹陷，周边隆起（纽扣状坏死灶）。

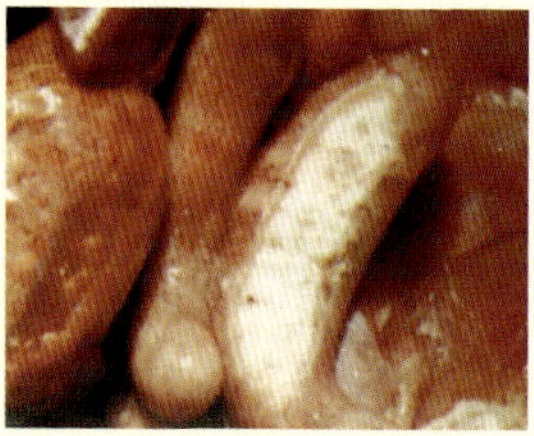

病鸡盲肠肿胀，内有白色干酪样栓塞。

【防治措施】

（1）预防措施 加强卫生管理；使用驱虫净，按40~50毫克/千克体重驱除异刺线虫。

（2）发病后措施　可用二甲硝基咪唑（达美素）按每天40～50毫克/千克体重混料，连用3～5天，之后剂量改为25～30毫克/千克体重，连喂2周；或使用卡巴砷，预防剂量为150～200毫克/千克混料，治疗剂量为400～800毫克/千克混料。7天1个疗程。治疗时应注意补充维生素K_3，以阻止盲肠出血；补充维生素A，促进盲肠和肝脏组织恢复。

三、普通病

1. 痛风

鸡痛风是一种蛋白质代谢障碍引起的高尿酸血症，其病理特征为血液尿酸水平增高，尿酸盐在关节囊、关节软骨、内脏、肾小管及输尿管中沉积。

【临床症状和病理变化】　病鸡的主要表现为精神不振，有时突然发惊、鸣叫，食欲减退或废绝，腹泻，排白色黏液状稀便。内脏型痛风在胸膜、腹膜、肺脏、心包、肝脏、脾脏、肾脏、肠及肠系膜的表面散布许多石灰样的白色尖屑状或絮状物质（尿酸钠结晶）。关节型痛风，切开肿胀关节，可流出浓厚、白色黏稠的液体，滑液含有大量由尿酸、尿酸铵、尿酸钙形成的结晶，沉着物常常形成一种所谓的“痛风石”。

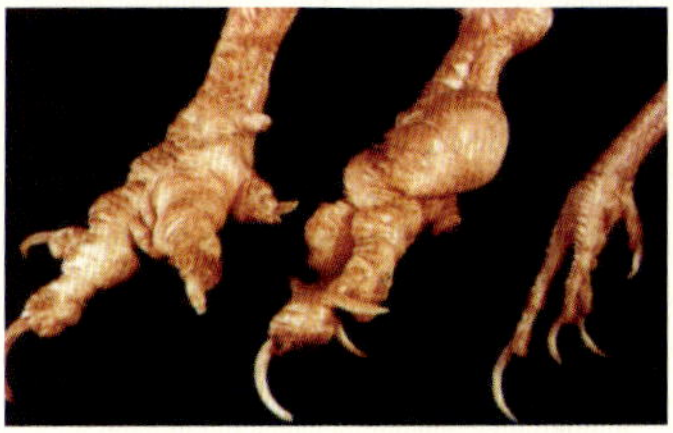

病鸡趾部肿胀变形（右侧为正常对照）。有的病鸡行走困难，不能站立，膝关节肿大。

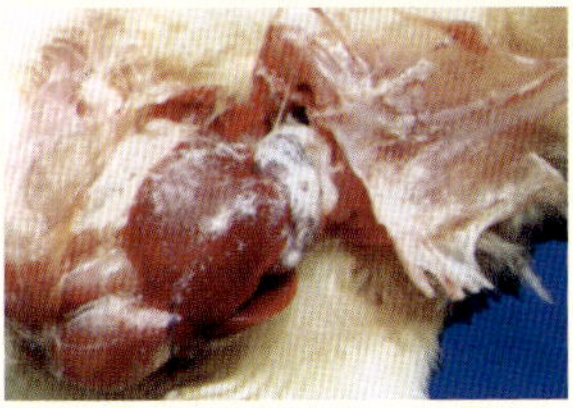

病鸡心脏、肝脏、腹腔等表面有白色石灰样物质附着。

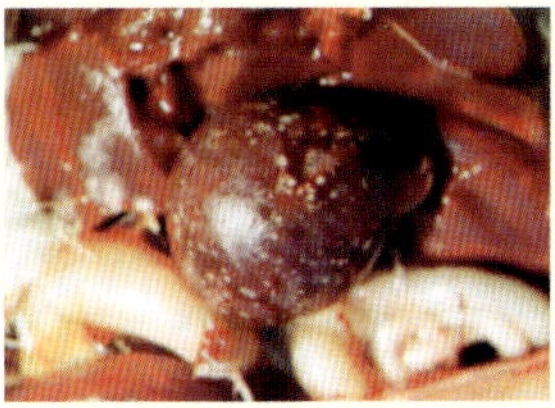

病鸡脾脏有白色灶状结节。

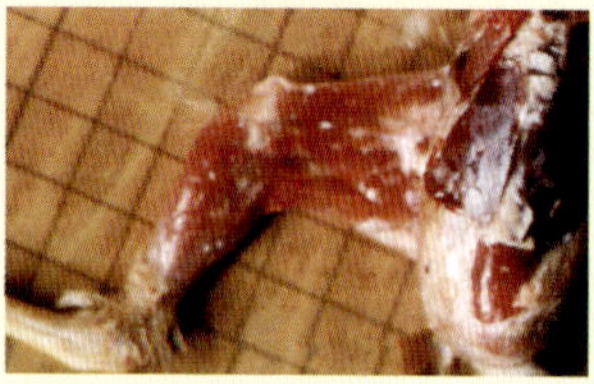

内脏痛风的病鸡肌肉内沉积有灰白色尿酸盐。

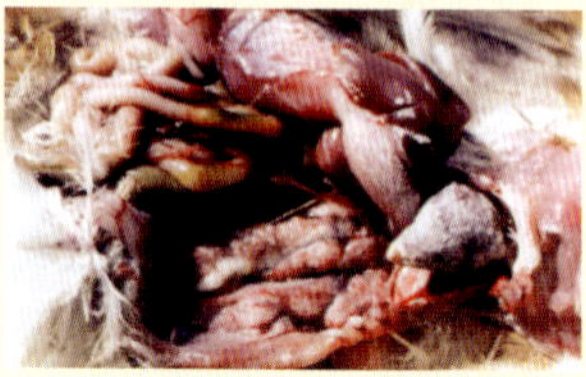

内脏痛风的病鸡胸膜、腹膜、肠系膜等都有灰白色尿酸盐。

【防治措施】

（1）预防措施 加强饲料管理，防止饲料霉变；饲料中蛋白质和钙含量添加适宜；科学用药和加强饲养管理，以减少疾病发生。

（2）发病后的措施 鸡群发生痛风后，首先要降低饲料中的蛋白质含量，适当给予青绿饲料，并立即投以肾肿解毒药，按说明书进行饮水投服，连用3～5天，严重者可增加1个疗程。

2. 脂肪肝综合征

鸡脂肪肝综合征是产蛋鸡的一种营养代谢病。

【临床症状和病理变化】

严重的病鸡嗜睡、瘫痪，体温41.5～42.8℃，进而鸡冠、肉髯及脚变冷，可在数小时内死亡，一般从发病到死亡约1～2天。

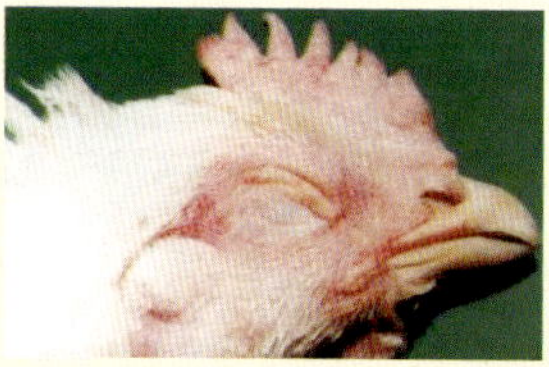

肝脏肿大，边缘钝圆，呈黄色油腻状，表面有出血点和白色坏死灶，质度极脆，易破碎如泥样，用刀切时，在刀的表面有脂肪滴附着。

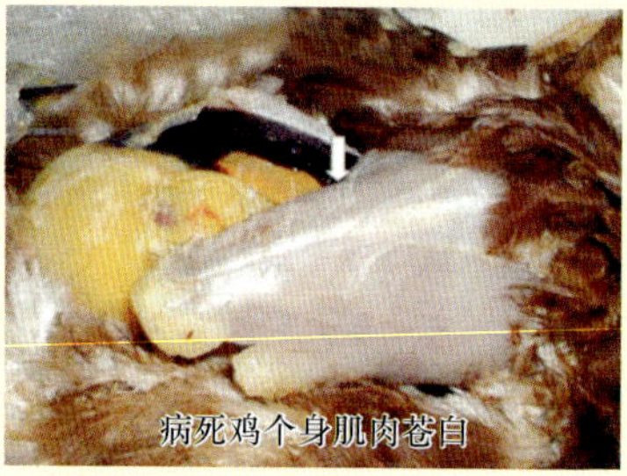

病死鸡个身肌肉苍白

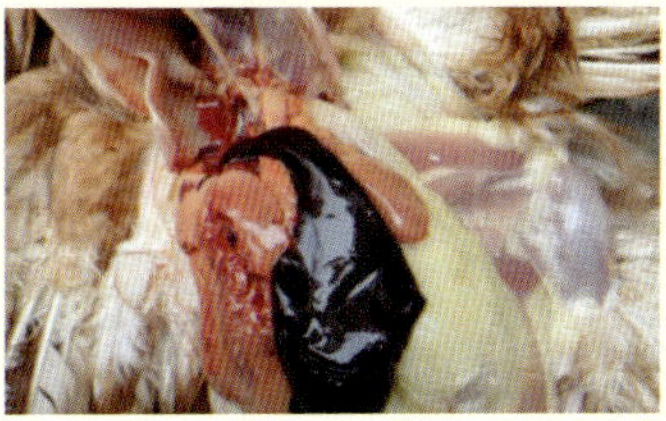

病死鸡肝脏破裂而发生内出血，肝脏上有血凝块。皮下、腹腔及肠系膜均有多量脂肪沉积。

【防治措施】

（1）预防措施 保持适宜的能量水平和活动量，适当提高日粮甲硫氨酸、胆碱和维生素 E 等嗜脂因子的含量；避免鸡霍乱、黄曲霉毒素中毒等病的发生，防止引起肝脏的脂肪变性。

（2）发病后的措施 每吨饲料中加入氯化胆碱 1000 克、甲硫氨酸 500 克、维生素 E 5500 国际单位和维生素 C 500 克，使用 3 周，病情就能够被控制。

3. 笼养蛋鸡产蛋疲劳症

笼养蛋鸡产蛋疲劳症是笼养母鸡特有的营养代谢病。

【临床症状和病理变化】 鸡群中有 5% ~10% 的鸡表现出临床症状，产蛋鸡多出现在产蛋高峰期间。解剖检可见肋骨处呈串珠状，第 4 ~5 椎骨可能骨折。

【防治措施】 每天每只鸡应保证钙的总供给量为 3.3 ~4.2 克。除正常日粮外，下午让鸡自由采食贝壳或石灰石碎粒。每千克饲料含维生素 D_3 2500 国际单位。避免饲料被黄曲霉毒素污染。如果发现病鸡，应立即在饲料中添加维生素 D_3 和骨粉，大群饲喂。

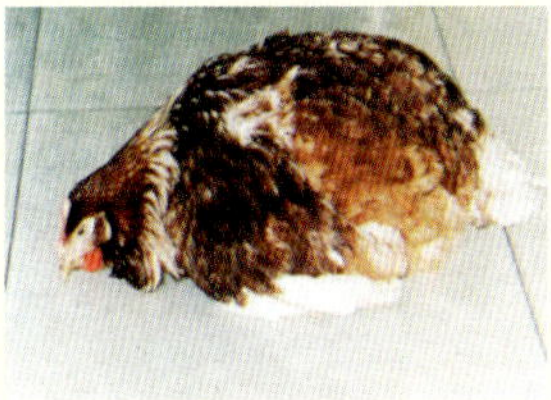

腿麻痹，不能正常活动。

肌肉松弛、腿麻痹、骨质疏松脆弱。鸡翅膀下垂，腿麻痹，不能正常活动，出现脱水，消瘦而死亡。

第六章

蛋鸡场的经营管理

蛋鸡场的经营管理就是通过对鸡场的人、财、物等生产要素和资源进行合理的配置、组织和使用，以最少的消耗获得尽可能多的产品产出和最大的经济效益。

第一节　经营决策

经营决策就是鸡场为了确定远期和近期的经营目标和与实现这些目标有关的一些重大问题做出最优选择的决断过程。鸡场经营决策的内容很多，如生产经营方向、经营目标、远景规划、规章制度制定、生产活动安排等，鸡场饲养管理人员每时每刻都在决策。决策的正确与否，直接影响到经营效果。有时一次重大的决策失误就可能导致鸡场的亏损，甚至倒闭。正确的决策是建立在科学预测的基础上的，通过收集大量有关的经济信息，进行科学预测后，才能进行决策。正确的决策必须遵循一定的决策程序，采用科学的方法。

一、决策的程序

- ① 提出问题　要决策什么或对什么进行决策。如确定经营方向和项目、饲料配方、饲养方式、疾病治疗方案等
- ② 确定决策目标　决策目标指要达到的预期结果。如饲料配方的决策目标是，使单位产品的饲料成本降低到多少，产蛋率和产品品质达到何种水平
- ③ 拟定多种可行方案　围绕决策目标，大胆设想，尽可能把所有的方案都包括在内，以免漏掉好的方案
- ④ 选择方案　根据决策目标的要求，运用科学的方法，从多种方案中选出最优的
- ⑤ 贯彻实施与信息反馈　最优方案选出之后，组织实施，并在实施过程中进行跟踪检查。发现问题，查明原因，采取措施，加以解决

二、常用的决策方法

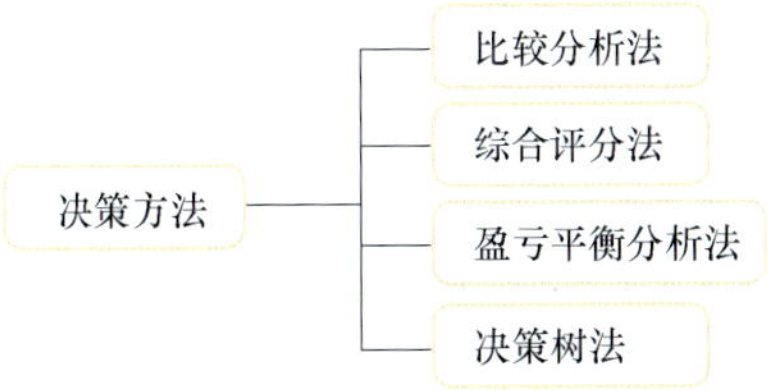

第二节 计划管理

计划是决策的具体化，计划管理是经营管理的重要职能。计划管理就是根据鸡场确定的目标，制订各种计划，用以组织协调全部的生产经营活动，达到预期的目的和效果。生产经营计划是鸡场计划体系中的一项核心计划，蛋鸡场应制订详尽的生产经营计划。

一、蛋鸡场的生产周期

蛋鸡场要制订计划，首先必须了解蛋鸡场的生产周期。

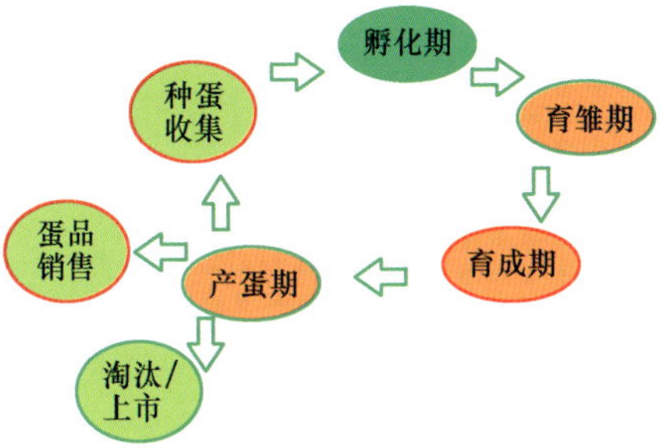

蛋鸡场的生产周期

二、鸡场的计划制订

1. 鸡群周转计划的制订

鸡群周转计划是制订其他各项计划的基础，只有制订好周转计划，才能制订饲料计划、产品计划和引种计划。制订鸡群周转计划，应综合考虑鸡舍、设备、人力、成活率、鸡群的淘汰和转群移舍时间、数量等，保证各鸡群的增减和周转能够达到规定的生产任务目标，又最大限度地降低各种劳动消耗。

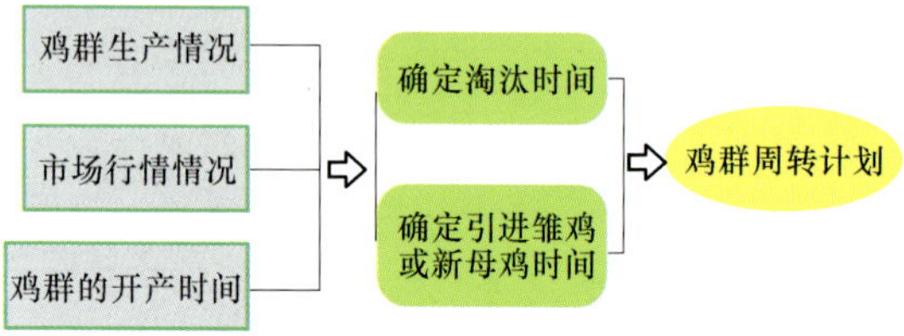

2. 鸡场生产计划的制订

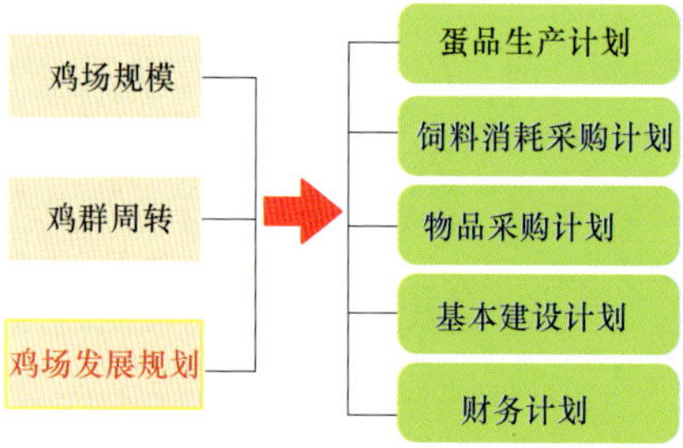

第三节 组织管理

一、精简高效的生产组织

生产组织与鸡场规模大小有密切关系，规模越大，生产组织就越重要。规模化鸡场一般设置有行政、生产技术、供销财务和生产班组等部门，部门设置和人员安排应尽量精简，提高直接从事养鸡生产的人员比例，最大限度地降低生产成本。

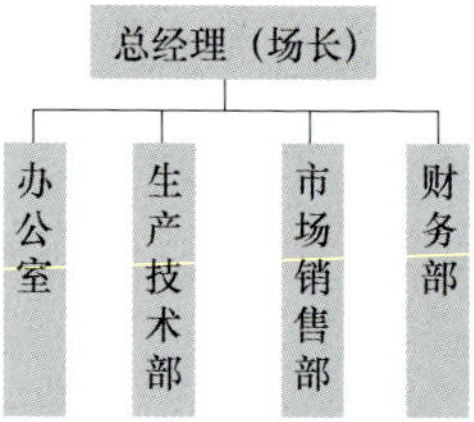

二、合理的人员安排

养鸡是一项脏、苦而又专业性强的工作，所以必须根据工作性质来合理安排人员，知人善用，充分调动饲养管理人员的劳动积极性，不断提高其专业技术水平。

三、岗位责任制的健全

岗位责任制规定了鸡场每一个人员的工作任务、工作目标和标准。完成者奖励，完不成者被罚，不仅可以保证鸡场各项工作顺利完成，而且能够充分调动劳动者的积极性，使生产完成得更好，生产的产品更多，各种消耗更少。

四、规章制度的制定与完善

有了完善的规章制度，就可以做到有章可循，规范鸡场员工的行为，保证各项工作有序进行。

五、技术操作规程的制定

鸡场的技术规程，即日常工作的技术规范，从技术层面上制定蛋鸡不同生产阶段的各项饲养管理技术规程、兽医卫生和防疫制度等。

第四节　记录管理

记录管理就是将鸡场生产经营活动中的人、财、物等消耗情况及有关事情记录在案，并进行规范、计算和分析。记录可以反映鸡场生产经营活动的状况，是经济核算的基础，是提高蛋鸡场管理水平和效益的保证，所以鸡场必须加强记录管理。

一、鸡场记录的原则

记录原则

- **准确完整**：根据不同记录要求，在第一时间认真填写，不出现遗漏和虚假现象，数据要真实，不能虚构
- **简洁明了**：设置的各种记录簿册和表格力求简明扼要、通俗易懂、便于记录
- **便于分析**：设计表格要考虑记录下来的资料便于整理、归类和统计，还应注意记录内容的可比性和稳定性

二、鸡场的记录表格

鸡场记录表格见表6-1～表6-9。

表6-1　产蛋和饲料消耗记录

品种________　　鸡舍栋号________　　填表人：

日期	日龄	鸡数/只	死亡淘汰/只	饲料消耗/千克		产蛋量				饲养管理情况	其他情况
				总耗量	只耗量	数量/枚	重量/千克	破蛋率（%）	只日产蛋量/克		

表6-2　疫苗购、领记录表　　填表人：

购入日期	疫苗名称	规格	生产厂家	批准文号	生产批号	来源（经销点）	购入数量	发出数量	结存数量

表6-3　饲料添加剂、预混料、饲料购、领记录表　　填表人：

购入日期	名称	规格	生产厂家	批准文号或登记证号	生产批号或生产日期	来源（生产厂家或经销点）	购入数量	发出数量	结存数量

表 6-4　疫苗免疫记录表　　　　填表人：

免疫日期	疫苗名称	生产厂	免疫动物批次日龄	栋号	免疫数/只	免疫次数	存栏数/只	免疫方法	免疫剂量/(毫升/只)	责任兽医

表 6-5　消毒记录表　　　　填表人：

消毒日期	消毒药名称	生产厂家	消毒场所	配制浓度	消毒方式	操作者

表 6-6　鸡场入库的药品、疫苗、药械记录表　　　　填表人：

日期	品名	规格	数量	单价	金额	生产厂家	生产日期	生产批号	经手人	备注

表 6-7　鸡场出库的药品、疫苗、药械记录表　　　　填表人：

日期	车间	品名	规格	数量	单价	金额	经手人	备注

表 6-8　购买饲料原料记录表　　　　填表人：

日期	饲料品种	货主	级别	单价	数量	金额	化验结果	化验员	经手人	备注

表 6-9　收支记录表格　　　　填表人：

收入		支出		备注
项目	金额/元	项目	金额/元	
合计				

第五节　鸡场的资产管理

一、流动资产管理

流动资产是指可以在1年内或者超过1年的1个营业周期内变现

或者运用的资产。流动资产周转状况影响产品的成本，只有加快流动资产周转，提高流动资产利用率，才能降低产品成本。

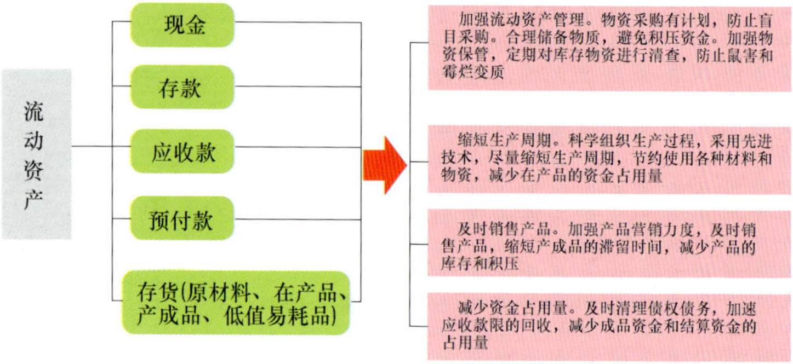

二、固定资产管理

固定资产是指使用年限在 1 年以上、单位价值在规定的标准以上，并且在使用中长期保持其实物形态的各项资产。鸡场的固定资产主要包括建筑物、道路、产蛋鸡以及其他与生产经营有关的设备、器具、工具等。

1. 固定资产的折旧

固定资产在长期使用中，在物质上要受到磨损，在价值上要发生损耗。固定资产在使用过程中，由于损耗而发生的价值转移，称为折旧。由于固定资产损耗而转移到产品中去的那部分价值叫折旧费或折旧额，用于固定资产的更新改造。

鸡场提取固定资产折旧，一般采用平均年限法和工作量法。

（1）平均年限法 它是根据固定资产的使用年限，平均计算各个时期的折旧额，因此也称直线法。其计算公式：

$$\text{固定资产年折旧额}=\frac{[\text{固定资产原值}-(\text{预计残值}-\text{清理费用})]}{\text{固定资产预计使用年限}}$$

$$\text{固定资产年折旧率}=\frac{(\text{固定资产年折旧额})}{\text{固定资产原值}}\times 100\%$$

$$=\frac{(1-\text{净残值率})}{\text{折旧年限}}\times 100\%$$

（2）工作量法 它是按照使用某项固定资产所提供的工作量，

计算出单位工作量平均应计提的折旧额后，再按各期使用固定资产所实际完成的工作量，计算应计提的折旧额。这种折旧计算方法适用于一些机械等专用设备。其计算公式为：

$$单位工作量（单位里程或每工作小时）折旧额=\frac{（固定资产原值-预计净残值）}{总工作量（总行驶里程或总工作小时）}$$

2. 提高固定资产利用效果的途径

一是根据轻重缓急，合理购置和建设固定资产，把资金使用在经济效益最大而且在生产上迫切需要的项目上；二是购置和建造固定资产要量力而行，做到与单位的生产规模和财力相适应；三是各类固定资产务求配套完备，注意加强设备的通用性和适用性，使固定资产能充分发挥效用；四是建立严格的使用、保养和管理制度，对不需用的固定资产应及时采取措施，以免浪费，注意提高机器设备的时间利用强度及其生产能力的利用程度。

第六节　鸡场的成本核算

产品的生产过程同时也是生产的耗费过程。企业要生产产品，就要产生各种生产耗费。生产过程的耗费包括劳动对象（如饲料）的耗费、劳动手段（如生产工具）的耗费及劳动力的耗费等。企业为生产一定数量和种类的产品而发生的直接材料费（包括直接用于产品生产的原材料、燃料动力费等）、直接人工费用（直接参加产品生产的工人工资及福利费）和间接制造费用的总和构成了产品成本。

一、成本核算的作用

产品成本是一项综合性很强的经济指标，它反映了企业的技术实力和整个经营状况。鸡场通过成本和费用核算，可发现成本升降原因，降低成本费用耗费，提高盈利能力。

二、做好成本核算的基础工作

1. 建立健全各项原始记录

原始记录是计算产品成本的依据，直接影响着产品成本计算的准确性。如果原始记录不实，就不能正确反映生产耗费和生产成果，成本核算就失去了意义。

2. 建立健全各项定额管理制度

鸡场要制定各项生产要素的耗费标准（定额）。不管是饲料、燃料动力，还是费用工时、资金占用等，都应制定比较先进、切实可行的定额。

3. 加强财产物资的计量、验收、保管、收发和盘点制度

财产物资的实物核算是其价值核算的基础。做好各种物资的计量、收集和保管工作，是加强成本管理、正确计算产品成本的前提条件。

三、蛋鸡场成本的构成

蛋鸡场的成本主要由8项构成（蛋鸡养殖免税）。从构成成本比重来看，饲料费、育成费、人工费、折旧维修费和利息5项价额较大，是成本项目构成的主要部分，应当重点控制。

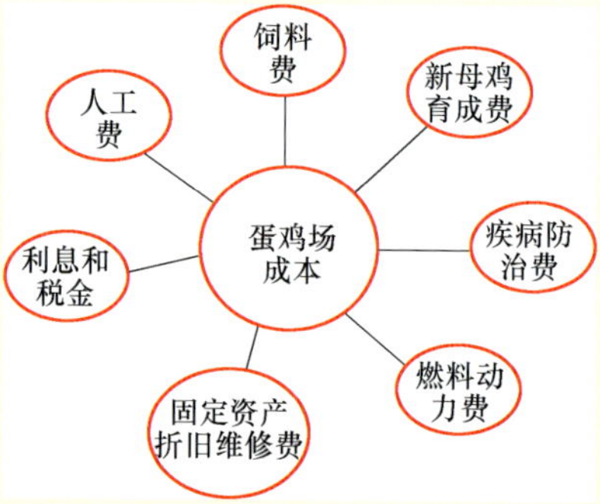

四、成本计算方法

1）每个种蛋成本（元/枚）=［期初存栏蛋鸡价值+购入蛋鸡价值+期蛋鸡饲养费用-期末蛋鸡存栏价值-淘汰出售蛋鸡价值-鸡粪收入］(元)/本期出售种蛋量（枚）

2）每千克鸡蛋成本（元/千克）=［期初存栏蛋鸡价值+购入蛋鸡价值+期蛋鸡饲养费用-期末蛋鸡存栏价值-淘汰出售蛋鸡价值-鸡粪收入］(元)/本期产蛋总重量（千克）

附录　常见计量单位名称与符号对照表

量的名称	单位名称	单位符号
长度	千米	km
	米	m
	厘米	cm
	毫米	mm
面积	平方千米（平方公里）	km^2
	平方米	m^2
体积	立方米	m^3
	升	L
	毫升	mL
质量	吨	t
	千克（公斤）	kg
	克	g
	毫克	mg
物质的量	摩尔	mol
时间	小时	h
	分	min
	秒	s
温度	摄氏度	℃
平面角	度	(°)
能量，热量	兆焦	MJ
	千焦	kJ
	焦［耳］	J
功率	瓦［特］	W
	千瓦［特］	kW
电压	伏［特］	V
压力，压强	帕［斯卡］	Pa
电流	安［培］	A

参 考 文 献

[1] 贺晓霞. 蛋鸡规模化健康养殖彩色图册 [M]. 长沙: 湖南科学技术出版社, 2016.

[2] 王新华. 鸡病类症鉴别诊断彩色图谱 [M]. 北京: 中国农业出版社, 2009.

[3] 魏刚才, 陈仕均. 蛋鸡高效生产关键配套技术 [M]. 北京: 化学工业出版社, 2011.

[4] 魏刚才, 刘保国. 现代实用养鸡技术大全 [M]. 北京: 化学工业出版社, 2010.

[5] Monique、Bestman, 等. 蛋鸡的信号 [M]. 马闯, 马海燕, 译. 北京: 中国农业科学技术出版社, 2014.